말랑 말랑

딱딱하고 어려운 과학?
부드럽고 말랑한 지식!

: 시인의 눈으로 그려낸
100가지 과학 상식

이동훈 지음

어문학사

과학 공부

말랑말랑 과학 공부

: 시인의 눈으로 그려낸 100가지 과학 상식

이동훈 지음

어문학사

현대 과학의 뿌리를 찾아서
- 시인의 눈으로 보는 현대 과학

인간은 환경의 존재입니다. 언제 어디서나 누구든지 특정한 환경 속에서 살아가요. 인간의 삶에 환경은 정말 중요합니다. 아니, 어쩌면 환경은 삶의 모든 것입니다. 태어난 조국도 환경, 함께 사는 가족도 환경, 주변 자연도 환경입니다. 살아가는 지구도 환경이요 집도 환경이요 다니는 학교도 환경이요 직장도 환경입니다. 자동차와 스마트폰을 일상적으로 사용하는 오늘의 사회 조건도 환경입니다. 우리들의 모든 문화가 곧 환경입니다.

환경을 떠나서 인간은 살 수가 없습니다. 아니, 정확히 말해서 환경 없는 삶은 주어지지 않아요. 가령 무인도에 혼자 산다고 해도 그 역시 환경이라는 배경과 그 틀거지를 벗어날 수가 없어요. 환경은 삶의 모든 것입니다. 나 외의 모든 것이 환경이니까요.

까닭에 특정 환경은 특정한 삶의 조건입니다. 특정 환경이 특정 물질을 빚어내고 특정 시공간을 빚어내고 특정 생명체를 빚어내지요. 그런즉슨 삼라만상은 그대로가 환경입니다. 최신 물리학 이론에 따르면 물질의 비롯됨이 있어 시공간이 탄생했다고 합니다. 신이 있어 혹은 시공간이 있어 물질이 탄생한 것이 아니라, 물질, 그로부터 우주가 만들어졌다고 해요. 태초의 물질(빅뱅)에서부터. 즉 물질이 없으면 시공간은 존재할 수 없다고 합니다. 최첨단 과학의 눈으로 보면 우주 천하 모든 것이 물질이며 생명체 인간 역시 근본은 물질이며 원자입니다. 불교에서 말하는 윤회론이나 내세관은 양자물리학의 철학과 맞닿아 있어요. 사람이나 생명체가 죽어 원자로 돌아가는데 그 원자가 훗날 고양이가 될 수도 있고 벚꽃이나 피라미, 땅강아지나 참새가 될 수도 있습니다. 사람들의 오래된 이모저모 생각들이 곧 철학과 종교와 문학과 과학의 밑바탕이 아니던가요?

광대무변한 원자의 순환이 우주의 영원한 생명력이라고 할 수 있습니다. 현대 과학에 따르면 우리가 살아가는 우주 역사 138억 년이 이렇게 굴러왔습니다. 오호라, 과학의 힘은 정말 놀랍습니다. 현대 문명 세계를 살아가는 우리들은 예외 없이 과학기술의 정확성과 편의성과 정교함에 의존하며 그를 믿습니다. 우주의 나이를 콕 집어 138억 년이라고 추정할 수 있음도 현대 과학의 놀라운 위력이며, 생각해보면 우주의 역사가 88억 년도 아니고 99억 년도 아니고 105억 년도 아니고 122억 년도 아니고 138억 년이라니요. 하하하, 현대인들은 과거에 절대 종교의 지배하에서 그랬듯이 과학 지식의 전지전능을 굳게 믿을 뿐, 과학 지식은 결코 의심할 수 없고, 의심하지 않고 또 의심해서도 안 됩니다. 이런 사례조차 역시 크게 보아 우리 시대의 유난한 생활 환경이자 삶의 문화적 배경이 아닐 수 없습니다.

그렇습니다. 삶의 절대적 배경은 환경입니다. 환경이 삶의 질과 양을, 즉 인생의 다채로운 스펙트럼을 창조합니다. 환경은 크게 두 가지가 있습니다. 하나는 자연환경이고 다른 하나는 문화 환경입니다. 이 중에 문화 환경은 오직 인간의 것입니다. 문화 환경은 인간의 삶의 바탕입니다. 여타 동식물은 여기에 해당 사항이 없습니다. 이를테면 문화 환경은 인간이 스스로 인공적으로 창조한 환경입니다. 그러나 한편 인간 역시 생명체인지라 자연환경의 지배력에서 정녕코 벗어날 수가 없습니다. 흑인 백인 황인 등 인종마다 자연환경의 배경이 유난하고 이것이 특출한 문화 환경을 만들었다고 보면 돼요. 그러니까 아프리카인의 문화와 유럽 문화, 그리고 아시아인의 문화가 제각각 다를 수밖에요. 별스럽고 독특한 생활 풍습이나 전쟁의 역사조차 그곳 문화의 핵심 인자가 될 수 있습니다. 가령 일신교 지배 신앙 문명과 그렇지 않은 문명이 사람들의 의식 구조를 전혀 다르게 형성했음은 물론입니다. 사람살이에서 가장 중요한 삶의 터전인 국토 지리나 자연환경이 다들 다르듯이 식·의·주를 해결하는 삶의 방식이나 종교 또는 교육 등 사회 운영 체계가 나라마다 인종마다 근본적으로 다릅니다.

어쨌거나 특정한 환경 속에서 개체적 존재가 살아갑니다. 비가 자주 오는 열대 우림 지역에서도 사람이 살고 사막 건조 지대에도 사람이 삽니다. 지구 어디에서도 사람들이 살아갑니다. 마치 뭇 생명체들이 북극, 남극, 적도 열대 지방 또 물속, 하늘, 땅 밑 가리지 않고 세상 없는 곳이 없듯이 말입니다. 지구 생명체들은 마치 기적과도 같이 혹은 마술과도 같이 갖은 꼴을 갖춘 채 신비의 몸짓으로 살아갑니다. 자연 다큐멘터리를 시청하노라면 매번 느꺼운 감정들이 소용돌이치며, 장엄하게 펼쳐지는 생명의 신비한 춤사위에 마냥 넋을 놓곤 합니다. 그것들은 하나하나 저마다의 환경에 맞추어 유전체 꼴을 깜냥껏 빚은 채 시시각각 기적과도 같은 생명력을 연출하는 농염한 우주의 춤판이 아닐 수 없습니다.

문화 환경은 인간만의 독자적인 삶의 요소입니다. 그러나 지역과 나라에 따라 인간이 가꾸는 문화 환경이 비슷할 뿐 똑같지는 않습니다. 명토 박건대 문화적 전통으로서 과학을 말한다면 서양의 과학과 동양의 과학이 천양지차로 다릅니다. 과학 지식의 출발점이나 전개 과정이나 결과가 전혀 다를 수밖에요. 과학자 아인슈타인(서기 1879~1955, 독일/미국)을 예로 들어 우선 비교해볼까요. 그는 자신의 종교적 시선으로 위대하고 독특한 우주 탄생 이론을 도출하였습니다. '상대성이론' 말입니다. 그의 유명한 발언 — '나는 신이 우주를 어떻게 창조했는지 알고 싶다'라는 고백을 떠올려보십시오.

문화적 전통에 관한 그의 육성을 직접 들어보죠. — "세상의 종교적 경험은 과학 연구 배후에 있는 가장 강하고 고결한 고무적인 힘이다." 그가 경험한 모든 문화적 전통이 모여 그의 정신세계를 오롯이 빚었어요. 코페르니쿠스, 케플러, 갈릴레이, 데카르트, 뉴턴, 라부아지에, 찰스 다윈, 패러데이, 맥스웰 등 서양 유명 과학자들의 문화적 전통에 공통점이 있습니다. 유럽의 고유한 유대 기독교 문화 전통이 그것입니다. 그런데 이것이 바로 동양과는 전혀 다른 서양 과학만의 독특한 토양이 되었던 것이죠. 동양의 문화 흐름은 이와 같지 않습니다. 그런 까닭에 서양에서 르네상스를 거치며 본격적으로 근대 과학이 탄생하고 그것이 발전을 거듭하여 현대 과학에 도달한 오늘의 사조는 동양의 문화적 풍토에서는 결단코 나올 수가 없던 역사적 사실입니다.

서기 1660년에 유럽에서 처음으로 과학 단체인 '영국왕립학회'가 세워집니다. 그것은 세상에 유용한 지식을 모으기 위한 조직이었죠. 이 단체의 탄생 동기는 1627년에 출판된 프랜시스 베이컨(서기 1561~1626, 영국, 철학자/실험과학자)의 유고작 『새로운 아틀란티스』의 사유 체계였어요. '영국왕립학회'는 이 지침을 실제로 구조화한 것이었습니다. 우리에게 "아는 것이 힘"이라는 명구로 잘 알려진 베이컨은 이 책에서 '과학자들이 모여 귀납적인 방법으로 학문을 연구하는 과학 단체를 만들자'라고 주장했습니다. 설립 당시 '영국왕립학회'는 그의 공적을 기념비 형식으로 만들어 당연히 표현해두었겠죠(근대 과학의 상징 아이작 뉴턴-1643~1727-은 서기 1672년에 영국왕립학회 회원이 됨/물리학의 바이블 『자연 철학의 수학적 원리』 저술). 이후에 영국을 본받아 서기 1666년에 프랑스는 '파리 과학 아카데미'를 창립하였고, 이로써 근대 유럽에서는 이 두 개의 과학 단체가 서양 과학의 흐름을 오늘에 이르기까지 지배적으로 주도했던 것입니다.

　문화가 사람을 빚는 게 맞습니다. 다른 측면을 살펴볼까요. 아인슈타인의 상대성이론이 현대 우주론의 튼튼한 뿌리가 되었지요. 그것을 토대로 하여 우주 팽창론이 나오고 '블랙홀'이 발견되고 그 유명한 '빅뱅설'까지 나오게 됩니다. 그러나 아인슈타인은 처음부터 고집스럽게도 정적인 우주론(정상우주론)을 굳게 지켰습니다. 신은 유일무이 전능한 존재이며 우주는 신이 창조했고, 정적인 우주야말로 신의 뜻으로서 가장 완벽한 존재라고 아인슈타인이 신앙처럼 믿었던 까닭입니다. 이것은 마치 고대 그리스의 아리스토텔레스(서기전 384~322, 철학자)가 우주 영역을 지상계와 천상계로 나누고 천상계는 신들의 영역이기에 완벽하고 영원히 변치 않는다고 생각한 것과 똑같습니다. 2천 년의 세월을 훌쩍 넘어 이들 두 지식인의 마음 바탕에 신의 관념(완전성)이 완강하게 자리 잡고 있음을 눈여겨보십시오.

문화가 곧바로 문화 환경입니다. 문화 환경이 문화적 전통입니다. 동양과 서양의 문화 환경이 다르며, 조선 시대의 문화 환경과 현시대 한국의 문화 환경이 다릅니다. 톺아보면 조선 시대 우리 조상들과 우리 시대 지금의 한국인은 여러 면에서 분명히 다릅니다. 그렇다마다요, 문화가 사람을 빚습니다. 문화 환경이 거푸집이 되어 사람 사람을 시대 정신에 맞추어 줄기차게 빚어냅니다. 독특한 문화 전통에 따라 어떤 곳에서는 인간 원죄설이 나오는가 하면 어떤 곳에서는 인간 성선설이 탄생하기도 하는 거죠. 우리는 압니다. 오늘의 문화 환경이 오늘의 사람 사람을, 시대에 맞추어 부지런히 빚어내고 있음을 오감으로 절절히 느끼고 있어요. 정말 그렇습니다. 먼 옛날부터 오늘까지 사람을 빚는 건 신이 아니라 문화입니다.

공교롭게도 2024년 과학 부문 노벨 물리학상과 노벨 화학상이 AI 관련 혁명가와 연구진에게 수여됨을 봅니다. 기후 위기 시대를 모르쇠로 살아가면서 인간 뇌를 실험실에서 직접 배양하는가 하면 정교한 AI 인공지능이 자본의 논리로 속속 탄생하기까지 하는, 아아 흥미롭고도 괴이쩍은 장면들이 속출하는 이즈막 세상 풍경을 사랑과 연민의 시선으로 둘러봅니다.

각설하고 그래 이 책은 과학으로 써 내려간 우리 문명의 연대기라고 할 수 있습니다. 설레는 마음으로 일독을 권합니다. 감사합니다.

새해 새 날빛의 사랑으로

이동훈 삼가 씀

차례

머리말 현대 과학의 뿌리를 찾아서 - 시인의 눈으로 보는 현대 과학 … 5

1장

신의 과학 - 우주의 설계자를 찾아라 … 20

<과학 스케치 1> 종교와 과학
<과학 스케치 2> 우주 창조자는 누굴까
<과학 스케치 3> 불변의 원리 - 빛의 속도
<과학 스케치 4> 양자의 탄생
<과학 스케치 5> 원소 백과사전 '주기율표' 만들기
<과학 스케치 6> 전기 인간 '호모 일렉트리쿠스'
<과학 스케치 7> 원자 아톰(atom)
<과학 스케치 8> 빛의 과학자, 스타 과학자
<과학 스케치 9> 상대성이론과 GPS(범지구 위치 결정 시스템)
<과학 스케치 10> 보편성의 추구 - 만물의 근원 아르케(arche)
<과학 스케치 11> 과학의 온도 - 절대온도 K
<과학 스케치 12> 우주 팽창의 발견 '허블-르메트르 법칙'
<과학 스케치 13> 원자의 존재를 최초로 발견하다
<과학 스케치 14> 행복한 생각 - 등가원리

<과학 스케치 15> 방사성 붕괴
<과학 스케치 16> 르네 데카르트의 연장[extension]
<과학 스케치 17> 서양 과학의 문법 - 기독교
<과학 스케치 18> 아리스토텔레스와 연금술
<과학 스케치 19> 미적분의 쓸모
<과학 스케치 20> 단백질과 음식물과 에너지

2장

별의 과학 - 뉴턴의 기계 우주 ... 78

<과학 스케치 21> 뢴트겐, 엑스선을 발견하다
<과학 스케치 22> 사회에서 과학이 갖는 중요성
<과학 스케치 23> 전자기복사와 태양 빛
<과학 스케치 24> 물질과 에너지
<과학 스케치 25> 전자와 양자
<과학 스케치 26> 과학 르네상스 - 아리스토텔레스에게 도전장을 던지다
<과학 스케치 27> 우주속도 1, 2, 3
<과학 스케치 28> 뉴턴 - "나는 거인의 어깨 위에서 더 멀리 볼 수 있었다"
<과학 스케치 29> 트랜스 휴머니즘(Trans humanism) - 초인본주의/초인간주의
<과학 스케치 30> 기계 인간이 기계 자연을 만들다
<과학 스케치 31> 상대성이론과 중력 문제
<과학 스케치 32> 원자 혁명에서 원자폭탄까지
<과학 스케치 33> 지동설과 천동설
<과학 스케치 34> 물방울의 우주
<과학 스케치 35> 라플라스의 악마 - 기계론적 결정론

〈과학 스케치 36〉 자연이라는 성경책 - 갈릴레오 갈릴레이
〈과학 스케치 37〉 빛보다 빠른 것은 없다, 우주의 언어 - 광속
〈과학 스케치 38〉 핵자(nucleon)와 동위원소
〈과학 스케치 39〉 쿼크(quark)와 중간자(mesotron 또는 meson)
〈과학 스케치 40〉 자연 철학의 수학적 원리

3장

별의별 과학 - 아인슈타인의 상대성이론 ... 140

〈과학 스케치 41〉 과학자와 연금술
〈과학 스케치 42〉 빛의 이중성, 물질의 이중성
〈과학 스케치 43〉 과학자는 왜 '학자'라고 하지 않고 꼭 '과학자'라고 할까
〈과학 스케치 44〉 TOE(Theory of Everything) 초끈 이론
〈과학 스케치 45〉 입자가속기(particle accelerator)
〈과학 스케치 46〉 베들레헴의 별과 케플러의 행성 법칙
〈과학 스케치 47〉 최초의 핵실험 '트리니티'와 비키니 수영복
〈과학 스케치 48〉 더 불안하게 하라, 양자 세계의 불안정성이여
〈과학 스케치 49〉 암흑 물질과 암흑 에너지
〈과학 스케치 50〉 성난 고양이 슈뢰딩거 고양이
〈과학 스케치 51〉 평범성의 원리 또는 코페르니쿠스 원리
〈과학 스케치 52〉 나비효과와 노벨상 수상 메달
〈과학 스케치 53〉 지구는 닫힌계(closed system) - 순환의 법칙
〈과학 스케치 54〉 3개 혁명, 세계혁명 - 근대 세계의 탄생
　　　　　　　　영국 혁명 1760년, 미국 혁명 1775년, 프랑스 혁명 1789년
〈과학 스케치 55〉 유일신론과 물리학적 법칙

<과학 스케치 56> 자연법칙에 따라 움직이는 기계
<과학 스케치 57> 제논의 역설에 굴복하다
<과학 스케치 58> 원자 독립 만세
<과학 스케치 59> 자연의 상호작용 힘 4가지
<과학 스케치 60> 전자의 자유 활동

4장

별의별별 과학 - 닐스 보어의 양자 세계 ... 214

<과학 스케치 61> 작은 것이 아름답다, 물질의 세계
<과학 스케치 62> 원자는 무엇으로 이루어져 있을까
<과학 스케치 63> 최초의 전기 혁명
<과학 스케치 64> 지구의 탄생 이야기
<과학 스케치 65> 기독교 과학의 절대 권위 - 아리스토텔레스
<과학 스케치 66> 갈바니와 동물 전기
<과학 스케치 67> 마음이란 무엇일까
<과학 스케치 68> 온실 기체와 탄소 발자국
<과학 스케치 69> 플라톤과 아리스토텔레스의 권력 다툼
<과학 스케치 70> 코페르니쿠스적 전환
<과학 스케치 71> 기후 위기와 에어컨
<과학 스케치 72> 작은 것보다 더 작은 세계가 있다 - 양자물리학
<과학 스케치 73> 유산소운동과 무산소 운동
<과학 스케치 74> 지구에서 가장 큰 대왕고래(흰긴수염고래) - 원자는 어떻게 결합할까
<과학 스케치 75> 고기와 채소 - 단백질과 비타민
<과학 스케치 76> 사랑의 호르몬 옥시토신

<과학 스케치 77> 신은 하나뿐이고 과학자는 많다
<과학 스케치 78> 통섭(Consilience)과 환원주의
<과학 스케치 79> 다양하고 창의적인 기계들
<과학 스케치 80> 마술의 힘 전자기파

5장

인간의 과학 - 과학도 결국 사랑이었네 ... 278

<과학 스케치 81> 아인슈타인이 직접 쓴 $E=mc^2$
<과학 스케치 82> 에너지의 양자화 - 양자론의 시작
<과학 스케치 83> 원자와 분자의 존재를 발견하다
<과학 스케치 84> 양자가설에서 양자역학으로
<과학 스케치 85> 시간과 공간에 대하여
<과학 스케치 86> 뉴턴역학과 계몽사상
<과학 스케치 87> 방사능의 두 얼굴
<과학 스케치 88> X선과 방사선 촬영
<과학 스케치 89> 오류의 가장자리에 선 최첨단 지식 - 과학
<과학 스케치 90> 인간의 감각은 전자기력이다
<과학 스케치 91> 우주 팽창과 빅뱅 우주론
<과학 스케치 92> 숫자 표기법과 근대 과학
<과학 스케치 93> 과학적 방법론을 찾아서
<과학 스케치 94> 희미한 옛사랑의 그림자
<과학 스케치 95> 중력은 왜 물체를 아래로 떨어지게 할까
<과학 스케치 96> 전자기 방사선 EMR(electro magnetic radiation)
<과학 스케치 97> 블랙홀은 밀도 높은 빨아들임이지 우주의 구멍이 아니다

<과학 스케치 98> 속속들이 지구의 속을 들여다볼거나
<과학 스케치 99> 존재의 사슬과 다윈의 진화론
<과학 스케치 100> 과학은 사랑일까, 과학 사랑은 과학일까

참고 문헌 … 349

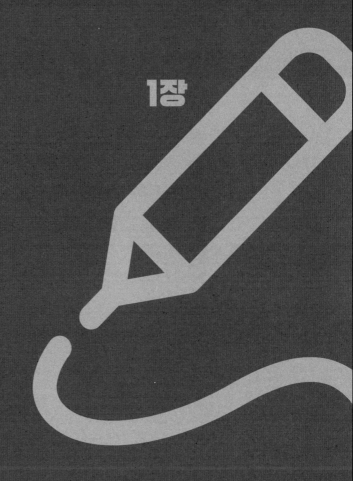

1장

신의 과학
– 우주의 설계자를 찾아라

<과학 스케치 1>
종교와 과학

세상 누구나 그런 것처럼 알베르트 아인슈타인(1879~1955, 독일/미국) 역시 다양한 정체성을 가지고 세상을 살아갔어요. 그는 유대인이자 독일인 그리고 미국인으로 살았습니다. 그는 대학 졸업 후 처음 프라하 대학에 교수직에 지원했을 때 지원 신청서 종교란에 '없음'이라고 썼지만, 그렇게 적으면 자동으로 지원 자격을 잃게 된다는 충고를 듣고는 곧바로 '유대교'라고 바꾸어 적었습니다. 물론 그는 교수직에서 탈락했습니다만 이 일화를 통해 당대 서양 지식층 사회의 분위기를 읽을 수 있습니다. '종교 없음' 또는 '무신론자'는 사회의 주류에 접근할 자격조차 되지 않았던 것이죠.

아인슈타인의 저 유명한 '상대성이론'은 시대의 물결을 거스른 끝에 탄생한 명작입니다. 뉴턴이 구축한 고정불변의 시공간 절대성을 무너뜨린 게 바로 '상대성이론'이니까요.

<과학 스케치 2>
우주 창조자는 누굴까

　아이작 뉴턴(1642~1727, 영국)은 우주는 신이 태초에 태엽을 감아놓은 거대한 우주 시계라고 생각했어요. 우주 시계는 뉴턴의 결정론에 따라 뚝딱거리며 돌아간다고 300년 이상을 모두가 믿었죠.

　아인슈타인은 자신의 종교적 시선으로 우주 탄생 이론을 도출하였어요. 그의 유명한 말 '나는 신이 우주를 어떻게 창조했는지 알고 싶다'라는 말을 떠올려보십시오. 정말이지 맞아요. 우주를 이해하기 위한 유일한 객관적인 방법은, 신이 우주를 보는 대로 보는 것뿐이거든요. 시공간은 영원하고 절대적이며 끝이 없는 듯 보여요.

　아인슈타인의 <일반상대성이론>이 뿌리가 되어 '블랙홀'이 발견되고 우주 팽창론이 제기되고 그 유명한 '빅뱅설'이 나오게 됩니다. 그러나 아인슈타인은 정적인 우주론을 고집했습니다. 신은 유일신이며 완벽한 존재이며 우주는 신이 창조했으며 정적인 우주야

말로 가장 완전한 존재라고 믿었던 까닭입니다. 아인슈타인은 유대-기독교 정신문명의 틀에 고집스레 집착했던 게지요.

그러나 스티븐 호킹(1942~2018, 영국)이 분명히 말합니다. "우주는 신이 만들지 않았다."

신의 일격으로 우주가 탄생하였다는 빅뱅 이론을 호킹은 믿지 않았습니다. 1981년에 호킹은 교황청 사제들 앞에서 '우주 무경계 가설'을 발표하며 초기 우주로부터 우주 탄생의 기원 문제를 삭제했어요. 모두가 당황하고 놀라워했죠. 그는 우주가 자존자이며 생성과 운행에 신의 도움을 전혀 원치 않는다고 밝혔습니다. 우주의 물리법칙에 신의 간섭(우주 탄생의 특이점 생성, 시간과 공간의 분리 등)을 일체 배제하였죠. 그는 무신론자였으며 물리 과학자였습니다.

스티븐 호킹은 우주로부터 '기원 문제'를 삭제함으로써 절대적으로 오직 순수 과학적인, 우주 탄생 이론을 탐구했습니다. 호킹은 1988년에 당대 최첨단 우주론에 관한 책 『시간의 역사』를 출간합니다. 스티븐 호킹은 우주론에서 신의 존재를 완전히 배제합니다. 서구 전통의 정신문화와의 결별을 선언한 것입니다. 아인슈타인은 과학 세계에서 신의 존재와 가치를 깊이 믿었으나, 스티븐 호킹은 그것마저 못마땅하게 여겼던 것이죠. 그는 선언했습니다. "우주를 만든 것은 신이 아니다."

〈과학 스케치 3〉
불변의 원리 - 빛의 속도

아인슈타인에게 물질과 운동의 절대적 기준은 '광속'이었습니다. 그것은 '광속 불변의 법칙'이라고 할 수 있는 것이죠. 이에 따라 시간과 공간은 상대적인 것이 되었어요. 광속이 절대 기준이 됨으로써 '상대성이론'은 절로 탄생할 수밖에 없었죠. 17세기 뉴턴에 따르면 시간과 공간은 모든 존재에 우선하는 절대적인 것입니다. 뉴턴역학(Neutral Mechanics)은 바로 이 같은 '시공간의 절대성'을 전제로 하여 운동 역학에 관한 물리 이론의 틀을 구축한 것입니다. 이것에 따르면 시공간은 물질 및 운동과 구분되어 독립적으로 존재하는 실재적 틀로 인식되었어요.

기독교 측의 지원과 후원을 듬뿍 받아온 아리스토텔레스(서기전 384~322, 그리스)의 오랜 사유들이 17세기에 이르러 본격적으로 공격 당해 파괴되는 격변기에 들어섭니다. 그 뿌리는 엄청난 '과학 혁명'

아이작 뉴턴(1642~1727)

으로서 그것은 인간 이성 중심의 새 시대를 곧장 열어젖히죠. '과학 혁명'이라는 거친 파도는 '르네상스'라는 이름으로 불리는 서구 근대화의 거대한 물결과 만날 수밖에 없었어요.

'뉴턴역학'은 위대한 '과학 혁명'의 근대적 출발점이자 완성이었어요. 뉴턴에 따르면 시간과 공간은 불변하는 절대적인 것입니다. 모든 존재에 우선하는 절대적인 것이었죠. 뉴턴의 해석에 따르면 운동이 없어도 시간은 흐릅니다. 이것은 교회 전통의 아리스토텔레스적 사유에 반하는 것이었죠.

결론적으로 요약한다면, 17세기 뉴턴은 아리스토텔레스의 과학적 사유에 반기를 들었고, 20세기의 아인슈타인은 뉴턴의 과학적 사유를 공격적으로 확장한 것입니다. 아인슈타인에 따르면 시간과 공간은 결코 절대적인 것이 아니며 게다가 시간과 공간은 분리 불가능의 실재라는 것입니다. 시간이 늘어나고 줄어들면 공간도 이에 맞춰 늘어나고 줄어들어야 합니다. 물질과 에너지가 다르지 않다($E=mc^2$)는 에너지 역학까지 보태어 이 모든 해석은 '광속 불변의 원리'를 전제로 할 때 얻어지는 것이며, 물리적 해석의 절대적 기준으로서 '광속의 절대성'이 자리 잡을 때만이 가능한 것들입니다(아인슈타인의 '상대성이론[theory of relativity]'은 발표 초기에 '불변의 원리'로 알려지기도 했으나, 막스 플랑크-1858~1947, 독일-의 조언으로 '상대성이론'으로 명명 확정함/'상대성이론'은 변하지 않는 물리적 진실-광속-이 좌표 변환에 대해 불변으로 유지되게끔 다른 것들이 상대적으로 어떻게 바뀌는가에 대한 이론이며, 이런 이유 때문에 아인슈타인은 실제로 상대성[relativity]이라는 말 자체를 처음부터 좋아하지 않았음).

<과학 스케치 4>
양자의 탄생

1900년에 막스 플랑크가 양자를 발견하고 발표합니다. 에너지가 양자 단위(量子, 덩어리)임을 최초로 밝혔던 것이죠. 이것은 빛이 파동이므로 에너지가 연속적으로 존재할 것이라는, 기존의 상식과 어긋나는 가정이었어요. 플랑크는 쉽게 말해서 빛이 불연속적인 에너지를 갖는 입자라는 것을 발견했어요. 이것을 '양자'라고 이름 짓고, 빛을 이루는 양자는 '광자'라고 하지요. 흑체 연구(뜨거운 물체에서 나오는 복사선 연구)에서 시작된 플랑크의 '에너지의 양자화' 개념은 1905년에 아인슈타인의 '광양자설'로 이어집니다. 양자론의 개척자 막스 플랑크의 업적을 크게 두 가지로 요약하면, 하나는 양자 개념을 발견한 것이고 다른 하나는 아인슈타인(가치와 재능)을 발견한 것이라고 할 수 있어요.

플랑크는 양자를 발견하고서도 양자를 탐탁지 않게 여겨 양자역학의 선구자 역할에 그쳤을 뿐이에요. 뒤를 이어 닐스 보어 (1885~1962, 덴마크)가 주도한 양자물리학의 개시를 알리는 '코펜하겐 해석'을 받아들이지 않았죠. 20대의 아인슈타인은 1905년에 '광양 자론'을 비롯한 3편의 논문을『물리학 연보』에 발표하는데, 이때 편 집 책임자가 막스 플랑크였고 그는 아인슈타인의 논문의 가치를 즉각 알아차렸다고 합니다. 나중에 자신이 베를린대학 총장이 되 었을 때 아인슈타인을 교수직으로 추천합니다. 기묘한 것은 막스 플랑크와 마찬가지로 아인슈타인 역시 신생 물리학인 양자역학을 좋아하지 않았다는 거예요. 양자역학에 굉장한 거부감을 가지고 있었죠. '신은 주사위 놀이를 하지 않는다'라는 아인슈타인의 유명 한 말은 수학적 확률로 계산되는 물리학적 양자 세계를 받아들일 수 없다는 선언이기도 했습니다(닐스 보어의 답변: "신이 주사위로 놀이를 하든 말든 간섭하지 마시지요.").

<과학 스케치 5>
원소 백과사전 '주기율표' 만들기

　19세기에 과학자들이 원소들을 발견해 나갈 때 그것들을 물리
화학적 특성에 따라 분류하고 조직화하려는 움직임이 나타납니다.
맨 처음 독일 과학자들이 논리적인 순서로 원자의 배열을 시도했
습니다. 그 결과는 신통치 않았으나 다만 이것이 다른 과학자들의
도전 의욕을 크게 자극했지요.

　1869년에 멘델레예프(1834~1907, 러시아)가 최초로 원소 주기율표를
완성합니다. 그는 당시 발견된 원소 63종을 분석하여 원소들의 원
자량에 일정한 패턴이 있음을 알아챕니다. 원자량 증가 순서에 따
라 원자들의 서열을 매겨나가는 주기율표 작업 도중에 멘델레예프
는 발견되지 않은 원자 둘을 찾아내고 그것을 위해 자리를 남겨두
었죠. 훗날(1875년 '갈륨' 발견, 1886년 '게르마늄' 발견) 그의 원소 예측이 사실
로 드러나면서 멘델레예프는 최초의 주기율표를 만든 공적을 인정

받습니다.

　오늘날 사용하는 현대판 주기율표는 헨리 모즐리(1887~1915, 영국)가 1914년에 만든 것을 기본으로 하지요. 모즐리는 각 원소의 고유한 X선 파장과 원자번호 사이의 수학적인 상관관계-모즐리의 법칙-를 발견하고, 각 원자의 원자번호 개념을 도입합니다. 이로써 멘델레예프 방식대로 원자량 순서가 아니라, 지금처럼 원자들을 원자번호 순서로 배열하게 됩니다(노벨 물리학상 수상이 유력했던 헨리 모즐리는 입대하여 전투 중 전사하는데, 이를 계기로 국가 차원에서 과학기술 이과 출신자들에게 군필 관련 특혜 조치가 전 세계적으로 취해지게 됨).

　주기율표는 원소들에 대한 모든 정보를 제공하기 때문에 과학계에서 아주 중요합니다. 오늘 현재 118종의 원소가 등록되어 있으며, 이 중 자연계에서 확인된 것은 원자번호 94번(플루토늄)까지이고 원자번호 95번(아메리슘)부터 118번(오가네손)까지는 입자가속기를 이용해서 만들어낸 인공 원소들입니다. 과학 실험실에서 행하는 인공 원소 만들기는 지금도 계속 시도되고 있어요. 이것은 하나의 양성자나 원자핵을 빠르게 가속해서 다른 원자핵과 충돌시키는 방법으로 얻어집니다.

\<과학 스케치 6\>
전기 인간 '호모 일렉트리쿠스'

　인간은 전기적 존재입니다. 우리 뇌는 전기 신호로 움직여요. 모든 생명체는 전기의 성질을 가지고 있지요. 전기 없이는 생명이 없어요. 양이온과 음이온(혹은 전자)이 생명체의 몸을 구성합니다. 양과 음의 개수가 얼추 비슷해서 생명체의 몸은 항상 전기적으로 중성을 띠지요. 그래서 우리 몸에 자석을 대도 붙지는 않습니다.

　전기라는 말은 1600년에 윌리엄 길버트(1544~1603, 영국, 의사/자연철학자)가 만들어낸 말입니다. 그는 『자석, 자성체, 거대한 지구 자석에 관하여』(약칭: 자석에 관하여)라는 책을 출판하는데, 여기서 '호박'을 뜻하는 그리스어 'electron'을 가지고 '전기'라는 말을 만들었어요. 길버트는 오랜 옛날부터 사람들이 호박을 마찰하면 번쩍하고 불꽃을 일으키는 걸 알았거든요.

　17세기에는 '과학자(scientist)'라는 말이 아직 없었어요. 자연을 연

윌리엄 길버트(1544~1603)

구하는 사람들을 자연철학자 또는 실험 철학자라고 불렀습니다. 실험 철학자 중 특히 윌리엄 길버트는 전해 내려오는 자석에 관한 이야기를 자신이 직접 실험하고 관찰하고 또 실험하는 과정을 중시하고 실천했어요. 그래서 갈릴레오 갈릴레이(1564~1642, 이탈리아, 근대 과학의 아버지)는 그를 '최초의 과학자'라고 일컬었죠. 실험 철학자, 자연철학자가 근대적 의미의 진정한 '과학자'로 공인받은 셈이지요. 어쨌든 길버트가 17세기 과학 혁명에 나름이 굉장한 **역할**을 했음은 이로써 명약관화합니다.

　길버트의 자석 연구(길버트는 전기와 자기를 전혀 다른 것으로 분리함/19세기에 마이클 패러데이-1791~1867, 영국-와 제임스 클러크 맥스웰-1831~1879, 영국-이 전기와 자기를 통합함) 이후로 전기 현상을 탐구할 수 있는 과학 도구들이 쏟아지기 시작했는데요. 그중 가장 중요한 것은, 1672년에 오토 폰 게리케(1602~1696, 독일)가 발명한 '정전기 생성기'입니다. 유리공 모양의 이 장치는 비단 천으로 문질러 발생하는 정전기(靜電氣, '움직이지 않는 전기'라는 뜻)를 소량으로 저장했어요. 그러나 전기의 중요성을 알지 못한 채로 그로부터 100년 정도의 세월이 흘러 1746년에 네덜란드의 물리학자 피터 반 뮈센브루크가 전기 축전기인 '라이덴병'을 처음 만들게 돼요. 이 라이덴병은 양극과 음극을 이용하여 많은 양의 전기를 발생하고 저장할 수 있었죠('라이덴'은 네덜란드의 도시명이자 대학명). 라이덴병 실험을 통해 굉장한 전기 쇼크가 알려지자 사람들이 차차 신비의 전기 힘에 지극한 관심을 가지게 되지요. 피뢰침을 발명한 전기 전문가 벤저민 프랭클린(1706~1790, 미국) 또한 이때로부터 전기와 전기 연구에 매달리게 됩니다.

라이덴병의 발명 이후 과학자들은 전기를 많이 모으는 것으로, 그리고 각종 연구와 실험으로 치열한 전기 경쟁을 펼칩니다. 유럽의 상류층 사람들은 시나브로 전기를 가지고 깜짝 공연도 하고 놀이와 파티를 즐기기도 했습니다. 1818년에 영국의 여류 작가 메리 셸리(1797~1851)가 '전기로 만든 인조인간'을 창조하는데, 세계 최초의 SF 소설 『프랑켄슈타인』이 바로 그것이죠. 이 작품은 그녀가 당대 세간에 떠돌던 전기 관련 공포 이야기와 르네상스적 근대 인간론과 인체 해부학의 당대 과학 지식을 여류 작가 특유의 섬세한 상상력으로 포착하여 그려낸 것입니다.

앙드레 마리 앙페르(1775~1836, 프랑스, 전기역학 창시)는 우리에게 '앙페르의 법칙'으로 유명한 인물인데, 훗날 맥스웰(1831~1879, 영국, 전자기학 창시)에 의해 '전기의 뉴턴'이라고 칭송된 바가 있어요. 앙페르는 1827년에 자신의 책 『오로지 실험으로부터 추론된 전기역학 현상의 수학적 이론』을 출판하여 전기 과학자로서의 일생을 정리합니다. 앙페르는 생애 마지막에 자신이 직접 쓴 묘비명을 남겼는데, 그것은 딱 한마디 '마침내 행복해지다'입니다. 아아, 가슴이 먹먹해지네요. 얼마나 고단한 삶을 살아왔기에 그랬을까요. 죽음이 곧 '천국 도래'라는 종교 사상 때문이었을까요. 어쨌든 독특한 묘비명 하나로 그가 유난한 삶을 살아왔음은 그믐날 길가 전깃불인 듯 환합니다.

<과학 스케치 7>
원자 아톰(atom)

만약에 세상이 레고 월드라고 한다면 레고 브릭 하나를 '원자'라고 할 수 있어요. 세상에는 쪼개고 또 쪼개어서 더는 쪼개지지 않는 것이 있어요. 이것이 바로 우주를 구성하는 기본 입자이고 '원자'라고 합니다.

서기전 5세기에 그리스의 철학자 레우키포스(서기전 460~?, 원자론의 창시자)와 그의 제자 데모크리토스(서기전 460~370, 그리스)는 물체가 더는 나누어지지 않는 작은 입자(원자)로 구성되어 있다고 주장합니다. 특히 데모크리토스는 그 마지막 한 조각을 '아토모스(atomos, 쪼갤 수 없는)'라고 이름까지 붙였어요(이는 1952년 탄생한 일본 만화 『로봇 아톰』 이름의 유래이기도 함). 그러나 당시 그보다 더 유명하고 권위 있던 철학자 아리스토텔레스는 엠페도클레스의 철학을 이어받아 4 원소설(공기, 흙, 물, 불)을 주장했어요. 그는 물질이 연속적이며 무한히 나눌 수 있다고 생각했던 게지요.

아낙시메네스(서기전 585~528, 그리스)는 '공기'를 근원으로 보았어요. 파르메니데스(서기전 515~445, 그리스), 엠페도클레스(서기전 490~430, 그리스), 르네 데카르트(1596~1650, 프랑스), 고트프리트 빌헬름 라이프니츠(1646~1716, 독일) 등등 이름난 철학자 모두가 아르케(arche, 존재의 근원)를 찾으려 노력했어요.

가톨릭 지배의 중세 시대에는 연금술을 통해 물질의 근원을 탐색하는 실험과 연구가 이어졌습니다. 1661년에 로버트 보일(1627~1691, 영국)이 저서 『의심 많은 화학자』를 출판하여 과학사에서 중세 연금술의 전통을 끊고 '화학'이라는 새 과학을 창조했지요. 기체를 연구한 이 책에서 보일은 물질이 알갱이(원자)로 이루어져 있으며, 이들이 결합해 서로 다른 화학물질을 만든다고 보았습니다.

18세기에 이르러 앙투안 로랑 라부아지에(1743~1794, 프랑스)는 세계가 33가지 원소로 이루어져 있다고 주장합니다. 특히 그는 실험 관찰에서 이론을 끌어내는 기술과 방법을 완벽하게 구현하여 '현대 화학의 아버지'로 추앙받고 있어요. 예컨대 그는 화학 반응 전과 후에 물질의 무게를 정확히 재어 '질량 보존의 법칙'을 증명했지요. 라부아지에는 물질이 제한된 수의 화학 원소로 이루어진다고 주장하고, 1789년에 자신의 책 『화학 요론』을 통해 세계 최초로 '원소 목록 33가지'를 발표합니다.

1803년에 존 돌턴(1766~1844, 영국)은 원자설을 들고나옵니다. 자세히는『화학 철학의 새로운 체계』저술을 통해 현대적인 원자론의 첫 제창자로 인정받고 있지요. 돌턴은 원자모형으로 단단한 당구공 모양을 상정했어요. 원자란 결국 더는 나눌 수 없는 고체 모양의 알갱이라는 뜻을 그렇게 나타냈던 것이죠.

1904년에 조지프 존 톰슨(1856~1940, 영국, 1897년에 전자 발견/그 공로로 1906년 노벨 물리학상 수상)이 새로운 원자모형을 내놓습니다. 눈에 보이지 않는 원자를 설명하려니 과학자들은 자신이 생각하는 모형을 만드는 수밖에 없어요. 톰슨은 당시 영국인들이 크리스마스에 즐겨 먹던 견과가 촘촘히 박힌 푸딩 같은 '크리스마스 푸딩' 원자모형을 내놓습니다.

그 이후 원자핵에서 양성자를 발견한 톰슨의 제자 어니스트 러더퍼드(1871~1937, 뉴질랜드/영국, 핵물리학의 아버지/1908년 노벨 화학상 수상)는 1911년에 실험으로 검증하고 이를 수정하여 태양계를 본뜬 '행성 원자모형'을 발표합니다. 뒤를 이어서 1913년에는 양자역학의 개척자 닐스 보어(1885~1962, 덴마크, 1922년 노벨 물리학상 수상)가 '원형 궤도 원자모형(행성 모델이라고도 함)'을 발표합니다(보어는 항성을 도는 행성처럼 전자를 특정 궤도에 제한했으며, 전자가 궤도 사이를 점프할 때도 있음을 새롭게 발견함). 1926년에는 에르빈 슈뢰딩거(1887~1961, 오스트리아, 1933년 노벨 물리학상 수상)가 '전자구름 원자모형'을 제시하여 100년 이상 이어온 현대 원자론,

곧 원자모형 탐색이 일단락됩니다.

　모든 물질은 원자로 이루어지는데, 원자는 전자로 이루어진 전자구름과 그 중심에 있는 원자핵으로 구성됩니다. 그런데 지금까지 원자를 본 사람은 아무도 없으며 앞으로도 볼 수가 없어요. 왜냐하면 원자는 볼 수 있는 존재가 아니기 때문이에요. 바르게 말한다면 '원자'는 '볼 수 없는 존재'입니다. 베르너 하이젠베르크(1901~1976, 독일)가 1927년에 밝힌 양자 세계의 수학적 표현 '불확정성원리'가 대원칙이 되었죠. 우리는 원자의 모형을 추측할 수 있을 뿐이에요. 원자 모델이 있을 뿐이죠. 시행착오 끝에 오늘날 인정받는 원자 모델은 '양자론 모델'입니다. 그것에 따르면 원자는 여러 개의 전자로 형성된 전자구름에 둘러싸인 '둥근 형태의 구름'으로 추정되어요. 그러니까 원칙적으로 말해 원자의 형태는 절대로 정확히 알 수 없습니다.

<과학 스케치 8>
빛의 과학자, 스타 과학자

실재에 비추어보았을 때, 우리의 과학은 아직 원시적이고 유치한 수준에 머물러 있다. 하지만 그것은 우리가 가진 것 중에서 가장 소중한 보물이기도 하다.
- 알베르트 아인슈타인

뉴턴(1642~1727, 영국)의 중력이론과 자신의 상대성이론을 아우르려고 아인슈타인(1879~1955, 독일/미국)은 10년 동안 고심했어요. 1905년에 발표한 '특수상대성이론'은 중력을 고려하지 않은 것이었죠. 또한 여기에는 광속도 제때 등장하지 않아서 뉴턴의 중력이론과 크게 다를 것이 없었어요. 그래서 상대성이론 발표 초기에 아인슈타인의 그것은 종종 '불변 이론'으로 불렸었죠. 중력을 합쳐 고심 끝에 연구한 결과물이 드디어 나왔어요. 1915년에 발표된 〈일반상대성이론〉이 그것입니다. 중력을 상대성이론으로 끌어들여

〈일반상대성이론〉으로 탄생시킨 것이죠. 제임스 클러크 맥스웰(1831~1879, 영국)이 밝힌 '광속 불변의 원리'가 그 밑바탕에 보석처럼 깔려있어요. 아인슈타인은 한마디로 '중력'을 '시공간 연속체(space-time continuum)의 뒤틀림'으로 보았습니다.

  이곳에 아인슈타인의 위대한 통찰 둘이 태양처럼 빛납니다. 첫째 가정은 물리현상이 동일한 원리를 따른다는 것이었어요. 엘리베이터를 타든지 로켓을 타든지 밖을 볼 수 없는 사람은 동일한 힘을 느낍니다. 아인슈타인의 유명한 '등가원리'가 그것이죠. 둘째 가정은 빛의 속도는 우주의 상수이며 절대 불변이라는 것입니다. 그런데 더 놀라운 것은 이제 여기에서 시공간의 곡률이 발생합니다. 왜냐하면 질량을 가진 물질은 주변의 시공간을 구부리는데, 이것을 우리는 '중력'이라는 힘으로 느끼거든요. 하지만 엄밀히 말하자면 〈일반상대성이론〉에서 중력은 힘이 아니라 휘어진 시공간의 부산물이 될 뿐이죠. 19세기에 베른하르트 리만(1826~1866, 독일)이 발표한 기하학에서 이미 휘어진 시공간이 나타났어요. 리만기하학은 일찌감치 유클리드기하학으로는 풀 수 없는 문제를 다루었죠(리만의 스승 카를 프리드리히 가우스-1777~1855, 독일-가 앞서 비유클리드 공간을 발견함/유클리드-서기전 330~275, 그리스-는 수학의 아리스토텔레스 같은 존재라서 당대에 공개적인 비판이 불가능했음). 그것은 바로 입체 시공간의 곡률 문제였으며 거기는 비非유클리드기하학이 존재하는 곳이었거든요. 리만은 1854년에

〈기하학의 기초를 형성하는 가설에 대하여〉 강연을 통해 유클리드 통설을 단박에 무너뜨렸어요. 그는 n차원 비유클리드기하학을 발표합니다. 고차원 공간의 곡률을 알려주는 양으로 '텐서' 기호를 도입하는데, '텐서 미적분학'이 그것입니다.

〈일반상대성이론〉에 따르면 중력은 물질의 속성이라기보다는 사실은 시공간의 속성이라는 게 더 분명했어요. 시공간 연속체(space-time continuum)의 뒤틀림은 질량이 없는 물체에도 영향을 준다는 점이 독특합니다(이것 자체가 뉴턴의 중력 법칙을 이미 벗어나 있음). 아인슈타인은 자신의 중력이 빛(질량이 없음)의 경로에도 영향을 미칠 것으로 예측했고, 1919년 개기월식 동안에 천문학자 아서 에딩턴 (1882~1944, 영국, 〈일반상대성이론〉을 최초로 영어 설명)의 측정 결과 그 정확성이 입증되었지요. 이 사건으로 아인슈타인은 신문 방송에 대서특필되고 특별방송의 주인공이 되었으며, 곧장 20세기를 대표하는 가장 천재적이고 위대한 과학자로서 인구에 회자되기에 이릅니다.

<過학 스케치 9>
상대성이론과
GPS(범지구 위치 결정 시스템)

중력의 힘은 별이나 행성, 심지어 은하까지도 만들어내는 힘입니다. 그리고 그것을 제자리에 머물게 하지요. 중력은 질량이 있는 물체들이 서로를 끌어당기게 하고, 행성들이 작은 먼지와 얼음 입자를 흡수해서 몸집을 키울 수 있게 만들기도 하죠. 중력은 기체 분자들이 서로 끌어당겨 별을 만들게 하고, 별과 별들의 관계를 안정적으로 만들고 지구 대기권과 지구 환경을 유지하게 하는 일등 공신이에요. 거리가 두 배가 되면 중력은 1/4로 떨어지는 거리의 역제곱 법칙에 따르지만, 그러나 아주 먼 거리에서도 물체 사이에 작용하는 힘이 중력입니다.

태양계가 처음 만들어질 때 먼지와 얼음과 가스는 태양 주위를 같은 방향으로 돌았어요. 입자들이 커지고 자라나면서 그 중력으로 더 많은 먼지와 알갱이들을 끌어들였고, 그것들을 흡수하여 덩어리의 질량이 커지면서 중력이 모든 것을 중심 쪽으로 끌어당겼죠. 중력이 표면의 모든 부분에 균일하게 작용하면서 쑥쑥 자라나는 행성들은 천천히 둥글어지며 구형으로 가꾸어졌어요. 각각의 행성들은 태양 주위를 돌면서 동시에 스스로 자전하는 시스템에 안착했지요(모인 입자들 여럿은 저절로 끌어당기며 회전운동을 함으로써 자전을 하게 됨). 원시 태양계에서 결국 행성들이 충돌하면서 자전축이 기울어지기도 하고 달(깨진 조각이 모여서 생김)이 형성되기도 하며 금성처럼 다른 것과는 완전히 반대 방향으로 자전하는 행성도 생겨났을 것이리라 추정됩니다(회전 원반처럼 제각각의 천체가 형성됨). 지구는 형성될 때 지구 중력이 물질을 안쪽으로 끌어당기면서 내부 온도가 상승하여 물질이 분화되기 시작했지요. 가벼운 것은 지구 표면에 남아있고 무거운 철은 내부에서 지구핵을 형성했어요. 지구 형성 초기에 지구는 다른 행성과 충돌하기도 했는데, 이 충돌로 지구의 많은 부분이 파편화되고 증발하거나 우주로 내던져져 강착(降着) 과정을 거쳤으며 이 과정에서 만들어진 것이 바로 '달'입니다. 그래서 달은 바로 우리 지구 곁에 있어요.

오늘날 운전이나 비행경로에 사용되는 시스템이 GPS(Gloval Pogitioning System)입니다. 이것은 지구 시공간의 곡률에 맞추어 작동하는 시스템이지요. GPS(범지구 위치 결정 시스템)가 만약 뉴턴 물리학에

지구 궤도를 도는 GPS 위성(예시)

의존했다면 우리는 계속 잘못된 위치 정보를 제공받았을 거예요. 왜냐하면 고전역학 뉴턴 물리학은 시간과 공간이 절대성을 갖고 있어 이것들이 휘어지거나 왜곡되거나 지연되거나 하는 일이 일절 없다고 해석했기 때문입니다.

평편한 유클리드 평면에서 직선은 절대로 교차하지 않지만, 지구의 구면처럼 구의 표면에서 출발한 두 선은 결국 교차하게 되지요. 결국 GPS(Gloval Pogitioning System)는 아인슈타인의 〈일반상대성이론〉을 따라 시공간의 보정을 우리가 지속적으로 받아보는 것입니다.

이것은 전 세계 어느 곳에서든 최소한 4대의 위성이 가시권에 들게 하는 시스템입니다. 다섯 번째 위치, 즉 내 스마트폰의 위치를 탐지하는 방식이므로 이를 위해 지구에는 24대의 위성이 필요하다고 할 수 있어요. GPS 위성은 지구 위 약 2만 킬로미터 상공에서 시속 1만 4천 킬로미터의 속도로 운행돼요. 하루에 지구 주위를 두 바퀴 돌게 되며 각 위성에는 원자시계(나노 초-10억 분의 1초-까지 측정)가 장착되어 있어요. 위성의 시계가 지구의 시계보다 느리게 움직임은 물론이죠.

위성 안의 시계는 하루에 약 7마이크로초(백만분의 1초)씩 지연되는데, GPS 엔지니어들은 지연값을 보정해야 합니다. 그런데 생각할 것이 또 있어요. 지구는 질량이 엄청나게 크므로 시공간의 휘어짐 때문에 지구의 시계가 위성의 시계보다 더 느리게 움직일 수밖에요. 이 시간 지연으로 발생하는 시차가 약 45마이크로초에 달하는데요. 그래서 시차 보정 때문에 수십억 개의 전자 기기가 작동하는 전체 내비게이션 시스템은 늘 바쁘답니다.

과학은 그 본성으로 볼 때 최종적이고 반박 불가능한 대상이 아니며 그렇게 될 수도 없습니다. 시간이 흐르며 모든 것이 변해가듯이 자꾸만 달라지며 변화하는 것, 이것이 과학입니다.

＜과학 스케치 10＞
보편성의 추구
- 만물의 근원 아르케(arche)

"모든 것은 물에서 시작된다."

이 말의 주인공인 탈레스(서기전 624~546, 그리스, 서양 철학의 아버지로 불림)는 또한 수학자로서 원의 지름에 관한 '탈레스의 정리'를 남겼습니다. 탈레스 이후로 보편성을 추구하는 서양 철학의 역사가 본격적으로 시작되지요. 그의 제자 아낙시만드로스(서기전 610~546)는 그리스 최초의 책『자연에 관하

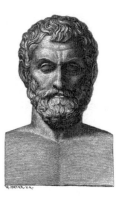

탈레스(서기전 624~546)
(E. Wallis)

여』를 남겨요. 그는 만물의 기원, 시원 물질을 '아페이론(apeiron, 규정할 수 없는 것)'이라고 주장합니다. 만물은 아페이론에서 태어난 원소들, 곧 물·불·공기·흙으로 이루어지며 그 자연의 순환 과정을 '불

의'와 '정의'라는 윤리적 언어로 설명합니다. 그와 달리 아낙시만 드로스의 제자 아낙시메네스(서기전 586~526)는 시원 물질을 간명하게 '공기'라고 보았어요. 탈레스의 제자 중 수학자 피타고라스(서기전 570~495, 그리스)는 만물의 근원을 '수'로 보며 그 유명한 '피타고라스 정리'를 전하고 있어요. 모두 알다시피 피타고라스는 만물의 근원 아르케를 '수'라고 보았거든요.

데모크리토스(서기전 460~370, 그리스)는 '원자'를 주장하는데, 사실 플라톤(서기전 427~347, 그리스)은 데모크리토스의 모든 것을 매우 싫어했다고 해요. 플라톤이 주창한 '이데아(Idea, 완전주의)'는 사실상 피타고라스의 수학론과 기하학에 뿌리를 두고 있어요. 그의 제자 아리스토텔레스(서기전 384~322, 그리스)는 시원 물질 아르케를 '공기, 흙, 물, 불' 4 원소라고 분명히 했어요. 17세기에 아이작 뉴턴(1642~1727, 영국)은 우주의 보편 법칙 '중력'을 발견해요. 그의 만유인력 법칙은 종교 원리를 넘어서서 모두에게 보편적 과학 법칙으로 인정받았어요. 뉴턴역학이 새 시대로 넘어가는 역사의 큰 물결을 일으킨 까닭은 그것이 정말로 자연의 보편적인 법칙이기 때문이었겠죠. 게다가 뉴턴은 시대를 앞서서 당대의 자연철학을 철저하게 '수학 언어'로 풀이했던 것이 특징입니다. 그런데 이것이 바로 근대 과학의 가장 위대한 혁명이 되고 말았죠. 우주 자연을 하나의 원리로 통일했으니까요(universality 보편성: 우주 자연이 동일한 물리법칙으로 움직임). 물리학의 바이블이라 불리는 뉴턴의 책명을 눈여겨보십시오. 『자연 철학의 수학적 원리』. 라틴어로 저술된 이 책은 약칭 『프린키피아』(라틴어 두 문자 조합)인데, 엉뚱하게도 뜻도 잘 모르는 『프린키피아』가 원제목 『자연 철학의 수학적 원리』보다 더 자주 사용되곤 하지요.

동서고금 없이 만물의 근원을 탐구하고 보편성을 찾는 일에 매달렸는데, 결국 '원소' 개념을 이끌어내고 말아요. 4 원소설이니 원자론이니 하는 것과 함께 중국에서 등장한 '오행설'이라는 개념도 어쩌면 '5 원소설'이라고 할 수 있지 않겠어요. '화수목금토(불, 물, 나무, 쇠, 흙)' 5 원소 말입니다. 여기에 해[일 日]와 달[월 月]을 더하면 1주일의 요일 체계가 완성됩니다. 그런데 1주일 시스템은 놀랍게도 옛 바빌로니아의 세계관에서 비롯되었다고 합니다마는.

<과학 스케치 11>
과학의 온도 - 절대온도 K

우리가 일상에서 보통 쓰는 온도는 섭씨온도(1742년에 눈금 발명: 셀시우스, 1701~1744, 스웨덴)이지요. 여기서 물이 끓는 온도는 100℃로 하고, 어는 온도는 0℃로 정했어요. 그런데 이것은 가장 흔한 물질인 물을 기준으로 해서 사용의 편리를 위해 셀시우스(섭씨)가 만든 방편이에요. 과학적인 것과는 거리가 먼, 하나의 사회적 약속에 불과한 것이죠. 섭씨온도가 만들어지고 나서 약 100여 년 후에 역학적인 온도인 '절대온도 K'(1848년에 발명: 윌리엄 톰슨, 1824~1907, 영국, 단위 K는 켈빈 경-톰슨 작위-에서 유래)가 탄생합니다. 이것은 기체 분자 운동식을 사용하여, 즉 역학적으로 만든 온도 체계이지요. 말하자면 과학적으로 '온도'는, '구성 분자의 평균 운동에너지'라는 뜻으로 해석할 수 있습니다. 그러니까 절대온도 체계에서 '뜨겁다'라는 것은 구성 분자의 운동에너지가 큰 것이고, '차갑다'라는 것은 구성 분자의 운동에너지가 작은 것을 가리켜요. 그래 '열'이라는 게 알고 보면 결국 '에너지'이며, '이동하는 에너지'입니다.

절대온도는 분자의 운동에너지를 기준으로 하는 까닭에 운동에너지가 0일 때, 즉 분자가 전혀 움직이지 않을 때 0[K]입니다. 이것을 '절대영도'라고 하지요. 그런데 절대영도를 섭씨온도로 재면 -273℃가 돼요. 이것이 뜻하는 바는 이 세상에 -273℃보다 낮은 온도는 존재하지 않는다는 것입니다.

프랑스의 물리학자 자크 샤를(1746~1823)이 1787년에 실험을 통해 기체의 온도와 부피의 관계를 밝혔어요(일명 '샤를의 법칙'). 온도가 1℃낮아질 때마다 부피가 1리터씩 감소하는 걸 발견했지요. 가령 0℃일 때 273리터였던 기체를 점점 더 냉각시키면 -273℃일 때는 계산상 부피가 0이 되는 거지요. 말하자면 어떤 물질이든 온도를 -273℃ 이하로 낮출 수 없어요. 이 온도의 하한을 바로 '절대영도'라고 이름 지은 것이죠.

캘빈 온도[절대온도]에서 K의 온도 폭은 섭씨온도의 1℃의 온도 폭과 똑같습니다.

<과학 스케치 12>
우주 팽창의 발견
'허블-르메트르 법칙'

1927년에 가톨릭 신부인 조르주 르메트르(1894~1966, 벨기에, 교황청 과학원 원장)가 우주가 팽창한다는 논문을 발표합니다. 그는 교황청 소속 신부이자 과학자로서 성경과 일치하는 우주 모형을 찾기 위해 백방으로 노력하면서 어느 때 아인슈타인의 <일반상대성이론>을 꼼꼼히 살펴보다가 우주가 팽창한다는 결론('우주 알' 이론 주장)에 저절로 도달하고 말았어요. 사실 아인슈타인은 자신의 상대성이론 방정식에서 우주의 팽창과 수축이 결론처럼 도출된다는 것을 인지하였으나, 그는 자신이 신앙처럼 믿었던 철학적이고도 과학적인 감정 상태인 '정상우주론'에 고착되어 있었어요.

여기에다가 천문학자 에드윈 허블(1899~1953, 미국)이 1924년에 망원경으로 외부 은하(안드로메다은하)를 계산하여 발견하고 1929년에

에드윈 허블(1899~1953)

는 우주 팽창의 이론인 '허블 법칙'을 발표합니다. 이것들에 앞서 1924년에 러시아 수학자 프리드만(1888~1925)이 우주 팽창과 관련된 수학적 모델인 '프리드만 방정식'을 발표하여 세계 물리학회를 깜짝 놀라게 한 적이 있었어요.

'허블 법칙'은 나중에 르메트르의 공적을 인정하여 '허블-르메트르 법칙'으로 이름이 변경되었어요. 이것으로 아인슈타인은 자신이 정상 상태의 우주를 고집하기 위해 만들어놓은 '우주 상수-람다 Λ' 사용을 공식적으로 포기 선언하게 됩니다.

<과학 스케치 13>
원자의 존재를 최초로 발견하다

원자가 존재한다는 것을 처음으로 증명한 과학자가 놀랍게도 아인슈타인입니다. 1827년에 영국의 식물학자인 로버트 브라운 (1773~1858)이 현미경으로 물 위의 꽃가루를 관찰하다가 '브라운운 동'을 발견해요. 그것은 물 위의 꽃가루가 마치 살아있는 듯 자유 자재로 마구 움직이는 현상이었죠. 이후 다수의 과학자가 이 현상 을 연구하고 해석하는 일에 매달렸는데, 특히 1903년에는 초미세 현미경이 등장하여 '브라운운동' 연구가 정점에 이르렀어요. 때마 침 1905년에 아인슈타인이 이와 관련된 논문을 발표합니다. 그것 은 브라운운동을 정량적으로 이론화하여 분자 운동론으로 설명하 는 것이었죠. 아인슈타인은 '브라운운동'을 물 분자의 열운동에 따 른 것으로 설명했어요. 여기서 '분자'(아보가드로, 1776~1856, 이탈리아, 1811 년에 발견 및 명명)는 물질의 성질을 띠는 최소의 입자를 뜻하죠. 아인슈타인은 꽃가루에 수많은 물 분자가 충돌하면서 불규칙한 움직임이 생긴다는 사실을 수식으로 표현했어요. 그는 이 논문의 목적이 유한한 크기를 갖는 원자가 실제로 존재한다는 것을 최대한 보장할 수 있는 사실을 찾는 것이었다고 밝힌 바가 있습니다.

아인슈타인이 브라운운동 관련 논문을 발표한 3년 후 1908년에 물리학자 장 바티스트 페랭(1870~1942, 프랑스)이 아인슈타인의 정량적이고 수리적인 분석을 실험적으로 검증합니다. 이것이 과학사에서 중요한 까닭은 이로써 물질은 원자와 분자로 되어있다는 것이 입증되어서 그래요. 원자의 존재를 증명한 그 공로를 인정받아 페랭은 1926년에 노벨 물리학상을 수상합니다.

＜과학 스케치 14＞
행복한 생각 - 등가원리

　지구에서는 무게와 질량은 같아요. 그러나 달나라에서는 우리 몸무게가 지금보다 줄어듭니다. 왜냐하면 달의 중력이 지구의 중력보다 약하니까요. 무게는 질량에 작용하는 중력의 척도예요. 질량은 물체를 구성하는 물질의 양을 나타내는 척도이고, 무게는 그 질량에 작용하는 중력의 척도입니다. 그러나 지구에 있으면 이 둘은 사실상 같아요. 예컨대 우리의 체질량이 5kg 감소하면 몸무게도 5kg 감소하지요.

　가속운동은 등속운동이 일반화된 운동이라 할 수 있어요. 가속운동에 관한 '상대성이론'에서 가장 중요한 게 바로 '등가원리'입니다. 1907년에 발견한 아인슈타인의 '등가원리'란 가속운동에 관하여 관성력과 중력을 구분할 수 없다는 원리, 즉 그 둘은 등가라는 거예요. 원래 가속운동을 하는 좌표계에서는 관성의 법칙이 작용하지 않고, 그래서 등속운동 할 때와는 물리법칙이 달라지거든요. 그런데 아인슈타인의 등가원리(자기 인생에서 '가장 행복했던 생각'으로 자평함/ 엘리베이터 '등가원리' 아이디어는 '뉴턴의 사과'와 비견됨)에서는 그것들을 동일 법칙에 따른다고 보는 것이죠(그러니까 절대적인 관성좌표계가 존재하지 않음/1907 년에 첫 아이디어 발견하고 1915년 〈일반상대성이론〉에서 공식화함).

가령 버스가 일정한 속도로 등속운동을 하면 이것은 길거리에 정지한 좌표계와 물리법칙이 똑같습니다. 그러나 버스가 급출발하거나 급정거할 때 또는 크게 회전을 돌 때는 버스의 속도가 바뀌면서 가속운동 상태에 들어가게 되는데, 이때는 반대 방향의 힘을 받거나 바깥으로 쏠리는 힘, 즉 관성력이 작용하게 되는 거죠. 그런데 이 힘은 버스 바깥에 있는 사람에게는 전혀 없는 힘이에요.

아인슈타인의 위대한 통찰에 따르면, 가속 운동하는 좌표계(버스 안)와 정지좌표계(버스 바깥)는 중력으로 바뀔 수 있어요. 관성력이 곧 중력이라는 것이죠. 둘을 구분할 수가 없다는 거예요. 이것이 바로 〈일반상대성이론〉의 중요 받침대로 작용하는 아인슈타인 사고실험의 결정체 '등가원리' 요약입니다. 그러니까 등가원리는 우리가 매일 아침 엘리베이터 안에서도 체험할 수 있어요. 관성력이 곧 중력이라는 것을 말입니다. 또 우리가 놀이기구에서 자유낙하할 때 무중력 상태를 곧잘 느끼는 것도 같은 원리라고 말할 수 있어요.

그런데 등가원리를 이용하면 뉴턴의 중력이론에 관해 놀랍도록 새로운 결과가 얻어집니다. 〈일반상대성이론〉에 따르면 중력은 시공간의 뒤틀림이 되며 이것을 수식으로 옮기면 중력장 방정식이 되지요. 이것은 옛것 중력의 본질을 근본적으로 재정의한 것으로, 이에 따르면 중력은 더 이상 뉴턴역학에서처럼 물체 사이의 힘(인력-만유인력)으로 해석되지 않습니다. '상대성이론'은 질량을 가진 물체는 주변의 시공간을 휘어지게 하며 이 곡률이 다른 물체의 운동에 영향을 주는 걸로 해석하거든요. 이에 따라 우주가 고정되거나 정적이지 않고 수축하거나 팽창할 수 있으며, 블랙홀과 같은 전대미문의 극단적인 천체도 존재 가능성이 예측되기도 하는 것이죠.

아인슈타인의 〈일반상대성이론〉은 가장 세련되고 정밀한, 현대적인 중력이론이라고 할 수 있습니다. 세상에서 가장 아름다운 과학 이론이라는 찬사를 받기도 하지요. 이것은 현대 우주론의 기본 틀거지를 제공했거든요. 여기서부터 빅뱅 우주론이 나오고 블랙홀이 발견되고 우주배경복사와 중력파를 찾는 연구가 쏟아져 나오기 시작했으니까요.

그러나 잊지 말아야 할 것은 뉴턴의 중력이론인 '만유인력 법칙'은 한계 영역 내에서 그 효과가 유효하다는 것입니다. 말하자면 〈일반상대성이론〉은 현대적 물리 감각으로 이루어낸 세련되고 정밀한 중력이론일 뿐, 그것으로 뉴턴의 중력이론을 깡그리 부정하거나 반대하는 관계는 아니에요. 그래서 중력이 약하거나 시간이 고정된 곳에서는, 뉴턴의 중력 법칙이 그대로 작용하다마다요. 다만 태양처럼 질량이 큰 물체는 주변 시공간을 왜곡하므로 곡률 효과가 생겨서 뉴턴의 중력 법칙에는 없던 효과를 만드는 것이 달라요. 이를테면 수성의 공전 궤도가 뉴턴 물리학의 예측과는 달리 변칙적으로 움직여서 오랜 세월 동안 천문학자들을 괴롭혀왔던 적이 있어요. 이른바 '수성의 근일점 이동' 현상을 아인슈타인이 새로운 중력이론으로 이를 예측하고 깔끔하게 해결한 것이 그 놀라움이고 그 새로움입니다.

아인슈타인에게 있어서 '중력'이라는 것은, 곧 '시공간의 휘어짐 효과'라고 할 수 있습니다.

<과학 스케치 15>
방사성 붕괴

방사능은 원자 자체에서 나오는 에너지입니다. 1896년에 앙리 베크렐(1852~1908, 프랑스)이 우라늄에서 방사선('베크렐선'으로 명명)을 최초로 발견해요. 뒤이어 피에르-퀴리 부부가 새롭게 폴로늄과 라듐이라는 방사성 원소를 찾아내지요. 1898년에 어니스트 러더퍼드(1871~1937, 뉴질랜드/영국)는 두 종류의 새 방사선을 발견하고, 각각 알파선과 베타선이라는 이름을 붙여요. 1900년에 프랑스의 폴 빌라드가 라듐을 연구하다가 감마선(앞서 1900년에 알파 베타 이름을 붙인 러더퍼드가 1903년에 '감마선' 명명)을 발견합니다. X선과 같은 전자기파의 일종인 감마선은 고에너지인 광양자의 방출이에요('방사능'은 피에르-퀴리 부부가 만든 용어임/오늘날 알파와 베타는 입자이며, 감마는 여전히 전자파 '감마선'임). 끝으로 '중성자선'이 있는데, 이것은 입자가 아니라 전하를 띠지 않는 고에너지 전자파입니다.

원자핵이 방사선을 내고 안정한 원자핵으로 바뀌는 것을 '방사성 붕괴'라고 말해요. 예를 들어 우라늄(원자번호 92)은 토륨(원자번호 90)으로 붕괴하고 토륨은 다시 라듐(원자번호 88)으로 연이어 붕괴하기도 해요. 방사선을 내는 원소를 방사성 원소 또는 방사성 동위원소라고 하지요. '방사선'은 방사능 원소가 붕괴할 때 방출되는 고속도의 물질 입자선을 가리켜 말하며, 원말은 '방사능선'입니다.

방사성 붕괴는 무작위로 일어나요. 그래서 붕괴를 정확하게 예측하기가 힘들죠. 방사성 원소들은 저마다 붕괴율이 다르며, 따라서 이것을 '반감기'라는 용어로 표현하지요. 반감기는 원소 샘플의 절반이 붕괴할 수 있는 간격을 말해요. 반감기가 워낙 다채로운데, 예컨대 우라늄 -238의 반감기는 45억 년이고, 토륨 -233의 반감기는 24일이고, 라돈 -218은 0.0035초입니다. 하하하, 심하게는 우주의 나이 138억 년보다 긴 것도 있어요.

방사선은 세 종류가 있는데 크기와 에너지가 달라서 물체를 투과하는 능력과 생명체에 끼치는 영향이 다릅니다. 이 셋을 각각 알파선·베타선·감마선이라고 해요(어니스트 러더퍼드가 명명).

첫째로 알파선은 헬륨 원자핵으로 이루어져 있는데 큰 에너지를 갖고 있어 파괴력이 크지만 투과력이 약해서 얇은 종이로도 차단할 수 있어요. 둘째로 베타선은 전자의 흐름인데 종이는 잘 통과하지만 얇은 알루미늄판은 통과하지 못해요. 셋째로 감마선은 방사선 중에서 투과력이 가장 강한데 이를 차단하려면 50㎝의 콘크리트 벽이나 10㎝의 납판을 사용해야 합니다.

방사선은 전자기파입니다. 1895년에 뢴트겐에 의해 발견된 X선은 말하자면 전자기파이며, 이는 훗날 발견된 감마선과 특별한 차이점을 찾아내기가 힘들어요. 그래서 방사선 위험도에 따라 X선 촬영(방사선 촬영)은 조심스럽게 접근해야 합니다.

현재 우리나라에서는 의료 행위에서 방사선 촬영이 너무 흔하고 또 권장되고 있는데 이것은 참 위험천만한 일이 아닐 수 없어요. 국제 기준으로 인공 방사선 허용 한도를 1.0이라고 하면, 우리가 흔히 접하는 CT 촬영(컴퓨터 단층 촬영)은 6.9입니다. 정말 많이 위험해요(흉부 X선 촬영은 0.05, 위 X선 촬영은 0.6임). 그러나 MRI(자기공명 영상)는 방사선이 아니므로 인체에 해롭지 않은 까닭에 최근 들어 의료계에서 널리 쓰이고 있지요.

\<과학 스케치 16\>
르네 데카르트의 연장[extension]

르네 데카르트(1596~1650, 프랑스)는 물질의 속성으로 연장을 들었어요. 연장은 공간을 차지하는 어떤 것입니다('연장'은 수학적으로 계산 가능한 공간이라서 인간이 자연을 이해하고 지배할 수 있다고 주장). 물질은 하나의 알갱이든 그것의 집합이든 반드시 깊이, 너비, 높이를 가집니다. 데카르트는 이것을 '연장'이라 말하며 이 세 길이를 한꺼번에 나타내려고 x축, y축, z축으로 이루어진 좌표계를 만듭니다. 이것이 바로 '데카르트 좌표계'입니다.

데카르트는 '기하학 원론'의 전개 방식을 본떠 누구도 의심하지 않는 지식의 확실성을 추구했어요. 그는 자명한 진리를 출발점으로 해서 논증으로 설명하는 철학 체계를 만들어갔지요. 학신한 진리를 찾기 위해 감정이나 감각도 배제했죠. 오직 이성으로써 모든 것을 의심하고 의심하고 또 의심했습니다. 그 끝에 최종적으로 남은 게 바로 '이성'이라는 걸 발견하고 데카르트는 '이성 절대주의' 또는 '합리주의 철학'을 열게 되지요. 여기에서 "나는 생각한다. 고로 나는 존재한다(고기토 에르고 숨)."라는 유명한 명제가 등장합니다. 데카르트는 또 미지수 X를 만들어 사용하고(당시 인도나 아라비아 이집트에서는 이 미지수를 긴 문장으로 표현함) 좌표에서 0 이하의 수를 표현하기 위해 음수(-)를 도입했으며, 거듭 곱하는 것을 지수로 표현하기도 했어요. 데카르트의 수학 방법으로 도형과 수식을 같은 차원에서 볼 수 있게 되고 이것은 대수와 기하가 통합되는 계기가 되어 해석기하학이 탄생하게 되지요. 이렇게 되자 함수의 개념이 정립되기 시작하여 이는 곧 미적분으로 발전하게 됩니다(라이프니츠와 뉴턴의 미적분 동시 발견이 이로부터 비롯됨/미적분은 함수의 변화를 연구하는 것이라고 할 수 있음).

데카르트는 당대를 지배했던 스콜라 철학의 아리스토텔레스 우상화에 반기를 든 최초의 철학자예요. 그것 하나만으로 또 그 용기만으로도 그는 '근대 철학의 아버지'가 될 만했죠. 중세의 철학은 '신의 존재를 의심하지 않고 신의 섭리를 어떻게 인간에게 잘 설명할 수 있을까'가 가장 중요했으니까요. 인간은 신에게 선택된 존재이고 그래서 신의 선물인 지구는 우주의 중심이어야만 했지요. 중세에는 인간 세상이나 자연현상 모두가 신의 섭리에 의한 것이어서 그것들은 자체적인 법칙을 가질 수가 없었어요. 과학이나 철학역시 그러했는데 중세 말기의 가톨릭교회 측의 스콜라('스쿨, school'

의 어원임) 철학은 특히 아리스토텔레스(서기전 384~322, 그리스) 사상을 기독교 교리의 수호신으로 삼았습니다. 이것은 중세를 지배하던 기독교적 가치관에 논리적 정당성을 확보하기 위한 조치였다고 보면 돼요. 그런데 데카르트가 여기에 용감하게 반기를 든 것이죠.

코페르니쿠스(1473~1543, 폴란드)의 저술을 읽고서 또 갈릴레이(1564~1642, 이탈리아)와 케플러(1571~1630, 독일)의 과학 연구 혁명으로 천체의 운동을 정확하게 기술할 수 있게 되자 데카르트는 쏟아지는 이성의 빛에 새 눈을 뜨게 됩니다. 그는 인간 자아의 독립성과 합리적 이성을 맹렬하게 주창하게 돼요. 그는 인간과 자연의 관계에 대해 먼저 운을 뗍니다. 데카르트는 처음으로 자연과 인간을 명확하게 이분법으로 갈라요. 이게 참 묘한 것이 자연은 또 양극으로 갈라지는데, 자연법칙의 지배를 받는 '물질'이 하나요, 신의 지배를 받는 '정신'이 다른 하나라고 했어요. 신은 세계 운행의 목적을 위해 영혼을 창조했는데, 그 영혼은 인간의 전유물이라는 게 또 데카르트의 생각입니다. 그에 따르면 동물은 공간을 차지하는 요소 즉 연장일 뿐 생각하는 요소는 없어요. 즉 동물에게는 영혼이 없다는 거죠(그런데 더 놀라운 것은 '동물, animal'의 어원인 '아니마, anima'는 라틴어로 '영혼'이라는 뜻임).

데카르트에 따르면 인간은 신이 부여한 하나의 정신적 실체이며 따라서 그는 생각하는 주체로서의 인간을 상정했지요. '30년 종교전쟁'이 진행 중이라 사회 환경이 매우 혼란했던 게 데카르트 철학의 탄생을 부추겼다고 할 수 있어요. 왜냐하면 사람은 환경의 동물이니까요. 종교전쟁은 기독교적 권위에 결정적 타격을 주었는데, 유럽 사람들의 정신은 가톨릭과 개신 기독교로 철저히 이분화되었어요. 데카르트는 밀려오는 정신적 고통과 일체 혼돈을 끊기 위해 모든 것을 의심하는 것에서 자신의 철학을 새롭게 출발합니다. 그것은 말하자면 사고의 주체를 신에서 인간으로 그리고 결국 철저한 '나' 개인으로 전환하는 길이었죠. 의심하고 의심하고 의심하여 모두 물리치고 궁극에 남은 단 하나, 그것은 '나'였고 '나의 생각'이었습니다. 정확히 말해 '영혼'이라는 '인간 정신'이 그것이었죠. 아아, 아십시오. 서구 사상에 특유한 인간과 자연의 극단적 이분법과 대립 양상이 이곳에 깊은 뿌리를 두고 있음을.

〈과학 스케치 17〉
서양 과학의 문법 - 기독교

아이작 뉴턴(1643~1727, 영국)이 우주를 지배하는 자연법칙으로 '중력'을 내놓자 당시 사람들은 깜짝 놀랐습니다. 왜냐하면 그전까지 사람들은 하늘의 해와 달과 별을 천상계에 속하는 것, 즉 무언가 신비한 힘을 가진 존재라고 믿어왔기 때문입니다. 그런데 뉴턴이 천상계와 지상계를 하나의 과학 원리로 통합해버렸던 것입니다. 흔히 '만유인력'이라고 부르는 '중력 보편 법칙'이 그것이지요. 지구가 속하는 태양계의 모든 운동이 중력만으로 설명이 가능해졌습니다. 그것은 과학사의 기적이었죠.

물질이 있는 곳엔 중력이 있어요. 뉴턴은 저 하늘의 해와 달과 별도 모든 평범한 물체처럼 끌어당기는 힘, 즉 중력(만유인력)이 있을 뿐이라고 설명하고 자신의 이론을 만들었어요. 차이점이 있다면 해와 달 같은 천체는 질량이 무거운 만큼 중력이 강하게 작용한다는 점이죠. 그리고 중력은 거리가 멀어질수록 그 힘이 약해지는데 두 배 멀어지면 힘이 4분의 1로 약해지고 세 배 멀어지면 9분의 1로 약해진다고 보고 계산했어요(소위 '제곱의 법칙'인데 자동차 제동 거리에도 그대로 적용됨).

물론 이 계산법은 뉴턴이 단독으로 만들었다기보다는 앞 시대 선구자, 즉 케플러와 갈릴레이 등의 연구 업적을 이어받은 것이라고 할 수 있어요. 뉴턴의 위대한 점은 만유인력 법칙 하나로 천상과 지상을 하나로 통합하고 인간과 신을 하나로 만들고 종교와 과학을 하나로 합쳤다는 거예요. 만유인력은 보편 법칙[universal law]으로서 우주를 지배하는 단 하나의 원리였던 것이죠. 이것은 가톨릭이 내세우는 보편 가치 '사랑'과 흡사한 힘을 갖고 있어요. 모든 물체의 인력(끌어당김)은 곧 '사랑'이라고도 할 수 있는 거거든요.

뉴턴이 제시한 중력과 중력 계산법이 동시대 사람들의 가슴 속에 깊이 깃들어있던 하늘의 신비성을 마구 깨뜨렸다고 보면 돼요. 특히 뉴턴은 자연을 기술하는 도구로 '수학'이라는 언어를 채택했는데 이것이 주효했습니다. 이와 관련된 뉴턴의 가장 유명한 책이 바로『자연 철학의 수학적 원리』입니다. 뉴턴은 이 책을 통해서 달과 행성이 주고받는 힘을 계산하기 위해 자신이 개발한 '미적분학(발표 당시 용어로는 '유율법[流率法]')'을 소개하기도 하지요.

뉴턴의 중력이론은 생전에 그의 동료였던 에드먼드 핼리(1656~

1986년 3월 8일, 이스터 섬에서 촬영된 핼리혜성(W. Liller)

1742, 영국)가 뜻밖에도 '혜성'을 수학 계산으로 예측하고 그것이 훗날 실제로 증명되면서 명성을 떨치게 되지요(이 혜성의 이름은 이후 '핼리혜성' 으로 명명). 뉴턴의 중력이론이 어떻게 혜성 덕분에 빛을 보게 되었 는지 그 까닭이 궁금하지 않나요? 혜성은 갑자기 불규칙하게 하늘 에 불쑥 나타나는 천체라서, 옛날 사람들은 이것을 수학적으로 계 산하여 예측하는 것은 불가능한 일이라고 여겼습니다. 그런데 뉴 턴이 수학 언어로 이룩한 신과학은 지구와 혜성에 중력이 생긴다 는 사실만으로 그것의 존재와 운동을 계산하고 예측할 수 있었던

것이죠. 뉴턴 과학은 신비하고 신령한 초자연의 힘이 아니라, 다만 자연의 힘이자 원리인 중력 법칙을 따를 뿐이었죠. 지구의 유일한 위성인 달은 맹렬한 속도로 운동하고 있지만, 지구의 중력장에 의해 궤도를 벗어나지 않고 오늘도 지구 주위를 돌고 있어요.

그런데 뉴턴은 중력이 왜 생겨나는지는 설명한 적이 없어요. 힘이 작용하는 그 자체를 기술하고 계산하고 설명하면 그만이지 중력이 왜 생겨나는지 어떻게 원격으로 그 힘이 작용하는지는 굳이 따지지 않겠다고 밝혔습니다. 그게 과학적인 태도라고 보았던 것일까요, 아무튼 뉴턴은 모든 물체에 중력이 왜 만유인력 법칙으로 작용하는지를 말하지 않았어요. 그는 자신의 기독교적 종교 감수성과도 잘 맞아떨어졌으니까 성가시게 굳이 원인을 따질 필요를 느끼지 못했을 테죠. 그게 아니라도 뉴턴은 당시 그 자신이 연금술사이기도 했으므로 신비한 자연의 힘을 나 몰라라 내팽개치지는 않았을 터. 하여튼 '중력'이라는 원격작용이 과학자들에게 곤혹스러운 개념임은 틀림없었어요. 그래서 지금 생각의 창문을 열어봅니다. 그때 뉴턴의 속마음은 무엇이었을까? '수학은 수학이고 마술은 마술이지'라는 속 편한 단순 사유 체계가 아니었을까 하고요.

<과학 스케치 18>
아리스토텔레스와 연금술

아리스토텔레스(서기전 384~322, 그리스)는 엠페도클레스(서기전 493~430, 그리스)의 4 원소설을 받아들여 만물은 '흙, 물, 공기, 불'의 4 원소로 되어있다고 발표합니다. 나중에 그는 거기에 '따뜻함, 차가움, 축축함, 건조함'이라는 4가지 성질을 추가하는데, 이는 물질을 다양한 비율로 섞어 그 성질을 배합하면 금이 아닌 재료로 금을 만들어낼 수 있다는 연금술의 아이디어가 됩니다. 과학에 관한 한 아리스토텔레스는 중세 시대를 일관한 최고의 권위자였으니까요. 요하네스 케플러(1571~1630, 독일)는 최후의 연금술사이자 근대 천체 역학 창시자입니다. 우리에게도 유명한 히포크라테스(서기전 460~375, 그리스, 의학의 아버지) 역시 엠페도클레스의 4가지 원소 주장을 받아들여 4 체액설이라는 자신의 의학 지식을 창시했습니다. 4 체액설 신봉자들은 사람의 체질과 성격까지 체액으로 감정할 수 있다고 믿었는데, 이것은 1901년에 혈액형 발견(카를 란트슈타이너, 1868~1943, 오스트리아, A형·B형·O형·AB형으로 대표되는 ABO식 혈액형 구별 정립/1930년 노벨 생리의학상 수상)으로 이어지고, 최근에는 MBTI 이론으로 사람의 기질을 평가하게 되었지요. 히포크라테스의 4 체액설은 중세 시대 의학의 절대자 갈레노스(129~199, 그리스)에게 계승되어 의사들에게 성서와 같은 절대적인 권위를 가지게 됩니다.

역사를 살펴보면 위대한 과학자는 반드시 시험을 거칩니다. 시험을 피할 수가 없어요. 정확히 말해 이것은 옛것과 새것의 대결 양상을 띠지요. 진리에 관해 쇼펜하우어(1788~1860, 독일)가 남긴 적절한 말이 있어요. "진리는 세 단계를 거친다. 처음에는 조롱을 받고 다음에는 격렬한 반대에 직면하다가 결국 자명한 것으로 받아들여진다."

<과학 스케치 19>
미적분의 쓸모

고대 이집트에서 나일강의 범람은 농지 측정의 중요성을 일깨웠어요. 그 해결책은 농지를 삼각형이나 사각형처럼 넓이 계산이 간단한 도형으로 나누고 그것을 더한다는 생각이었지요. 이것이 적분 개념이었죠. 그런데 적분 개념은 실제로는 굉장히 복잡하고 어려웠어요. 도형을 작게 나눌수록 얻어지는 값이 정확했으나 계산 횟수가 늘어나 계산이 미로 속처럼 어지러워졌습니다.

미분의 역사는 적분보다 훨씬 짧아서 16세기 무렵에 유럽 대륙을 몰아친 전쟁통의 역사에서 시작되었지요. 과학자들은 대포의 포탄이 어떤 곡선을 그리며 날아가는지에 골몰했어요. 대포알의 포물선 운동에 수학적 계산을 적용하여 최초로 답을 준 이가 갈릴레오 갈릴레이(1564~1642, 이탈리아)였습니다.

그러나 갈릴레이의 과학은 시시각각 변하는 포탄의 순간 속도를 아는 데까지는 미치지 못했어요. 이것은 미분 수학의 문제로 아이작 뉴턴(1642~1727, 영국)의 손을 빌려야 했습니다. 물체의 순간 속도는 오직 미분을 통해 구할 수 있어요. 미분은 접선의 기울기 계산인데 모든 곡선에 대해 접선의 기울기를 구하는 접선 문제가 뉴턴 이전의 수학자들을 괴롭혔지요. 뉴턴은 곡선에 접선을 긋는 방법을 계속 연구하여 '미분법'을 발견했습니다. 그는 이것을 '유율법'이라 부르며 미분의 수학적 계산법을 확정하였죠. 독일의 고트프리트 빌헬름 라이프니츠(1646~1716)도 그 자신의 독특한 사유와 방법론에 따라 미적분법을 발명하여 미적분의 발견 역사에서 커다란 논쟁거리가 되었으나, 지금은 뉴턴과 라이프니츠 양자의 독자적인 창작물로 공인된 바 있습니다(지금 우리가 사용하는 미분 적분 기호의 발명자는 라이프니츠임).

　뉴턴의 '유율법' 발견은 '미적분의 기본 정리'라고 할 수 있어요. 1736년에 뉴턴은 『유율법』 책을 따로 출판합니다. 한마디로 유율법은 무한소를 사용한 계산법이지요. 그는 미분의 계산과 적분의 계산이 역의 관계에 있음을 깨달았어요. 미분과 적분이 통합되어 오늘날 '미적분학'이 되었습니다. 사실 곡선에서 접선의 기울기를 계산한다는 '미분'과 넓이를 계산한다는 '적분'이 밀접하게 연결되어 있음을 직감적으로 알아채기는 어려워요. 그러나 뉴턴의 이 발견은 적분 계산을 극적으로 간단하게 만들었지요.

뉴턴은 자신의 미적분학을 활용해서 근대 물리학 '뉴턴역학'을 완성했습니다. 그것은 힘과 운동에 관한 법칙(운동방정식 F=ma / F=질량× 가속도)으로서, 미분방정식이라는 수식으로 정리하여 포탄의 궤도에 서부터 행성의 운동까지에 깃든 수학적 원리를 보편 법칙으로 공 표하는 일이기도 했어요.

오늘날 미적분 수학이 복잡한 생명 현상이나 미지의 세계를 예 측하는 모든 분야에 소용되고 있음을 봅니다. 미적분법의 수학적 모델링은 컴퓨터 작업과 연계하여 극한으로까지 발전하고 있어요. 양자물리학, 수리생물학, 수리경제학, 각종 게임이론 등에 적용되 고 있으며, 현대 문명의 숱한 과학기술 의료 분야는 가히 '미적분 수학'의 은혜를 듬뿍 받고 무럭무럭 성장한다고 평가할 수 있을 지 경이지요. 오늘날 우리 삶의 많은 요소는 미적분 없이 이루어내기 가 정녕코 불가능합니다.

\<과학 스케치 20\>
단백질과 음식물과 에너지

    모든 생명체는 유기화학 물질로 이루어져 있어요. 이들 중 많은 것이 매우 큰 분자를 가지고 있는데, 이 중에서 가장 중요한 종류 중 하나가 바로 단백질입니다. 단백질은 우리 몸에서 다양한 기능을 수행하는 복잡하고 정교한 분자이지요. 단백질은 아미노산이라는 분자들이 하나의 긴 사슬 형태로 만들어지는데, 그 사슬이 마치 종이접기처럼 각기 다른 3차원 구조로 접혀 독특하고 특정한 자기 기능을 하게 돼요. 잘 접힌 단백질은 효소와 세포를 강화하는 등 몸에 좋은 기능을 하고 잘못 접힌 단백질은 세포에 손상을 입혀 파킨슨병 같은 퇴행성 질환을 일으킬 수도 있어요.

    한마디로 말해서 단백질은 3차원 구조로 되어있어요. 2개 이상의 아미노산으로 만들어진 커다란 분자이지요. 알려진 아미노산은 500개가 넘고 그중에 20개가 우리의 유전자 부호 안에 있어요. 아미노산은 온갖 종류의 음식물에서 흔히 발견되지만, 특히 고기에 많아요. 그래서 사람들은 고기를 먹을 때 '단백질'을 먹는다는 표현을 쓰기도 합니다.

아미노산은 종류가 어떻든 두 개 이상이 결합해서 단백질을 형성하죠. 모든 종류의 고기는 한 가지 공통점이 있습니다. 단백질의 하위 범주인 효소를 가졌다는 거예요. '효소'라는 이 특별한 단백질 집단은 동물이 살아있을 때 근육 기능에 핵심적인 역할을 하는데, 죽어서 조리되지 않은 고기로 남아있으면 효소가 반응의 경로를 바꾸는 촉매로 작용하여 고기를 썩게 만드는 까닭에 우리가 고기를 차가운 냉장고에 보관하는 것이에요.

음식물을 에너지로 전환할 때는 '산화적 인산화'라는 오랜 과정을 거칩니다. 이 반응은 산소가 있어야 이루어지는데 다음 3단계로 단순화할 수 있어요.

1단계는 위가 음식을 소화하는 단계인데, 사람의 위와 대장 속의 효소들이 음식의 분자들을 공격해서 그것들을 조그만 물질 알갱이들로 쪼개어버립니다. 2단계는 몸속에서 '당 분해'가 일어나는데, 이때 포도당이 반으로 쪼개져서 '피부르산'이라는 더 작은 분자로 만들어져요. 3단계는 이 피부르산 분자가 몸속에서 이산화탄소(우리가 호흡으로 내보냄)와 2개의 다른 분자로 전환되는 과정입니다. 그런데 새 분자 2개는 조효소와 결합하여 '옥살로 아세테이트'라는 다른 분자로 변신하게 되는데, 여기서 '아데노신3인산(ATP)'이라는 분자가 만들어집니다. ATP(Adenosine TriPhosphate) 분자는 우리 몸의 세포에 에너지를 공급해주는 역할을 합니다. 우리 몸에서 가장 중요한 분자 중의 하나라고 할 수 있지요(ATP는 에너지 대사의 기본 단위로 동식물은 물론 미생물과 바이러스도 이를 사용함/ATP 사용은 생명 활동에서 에너지의 저장과 공급이 가장 편리함).

  그런데 이 에너지는 우리 몸속의 세포 하나하나의 안에 작은 에너지 꾸러미 형태로 저장되어 있어요. 그래서 우리 몸이 필요로 할 때(빨리 달려서 버스를 잡아탄다든지 등등) 그 에너지를 즉각 방출할 수가 있어요. 우리 몸의 어떤 세포든 10억 개 정도의 ATP 에너지 분자가 필요할 때 즉각적으로 사용되고 버려집니다. 그리고 2분 후에 우리 몸속에서 ATP 에너지 분자가 다시 재생됩니다. 이 과정은 몸속 세포가 죽을 때까지 절대로 멈추지 않고 계속 순환됩니다. 이래서 현대인들은 대부분 아파트(APT-Apartment)에서 생활하고, 우리는 또 생체 에너지 ATP 분자의 힘으로 사는가 봅니다.

2장

별의 과학

- 뉴턴의 기계 우주

<과학 스케치 21>
뢴트겐, 엑스선을 발견하다

　1895년에 세계 최초로 엑스선 사진을 찍었습니다. 뢴트겐 부인의 왼손 사진이었죠. 이것은 사람의 눈에 보이는 영역 밖에도 빛이 존재한다는 사실을 알게 해준 엄청난 과학적 발견이었어요.

　빌헬름 콘라트 뢴트겐(1845~1923, 독일)은 정체불명의 이 새로운 광선을 X선이라 이름 붙였어요. 이 엑스선은 자연이 인류에게 준 선물이라 할 수 있어요. 뢴트겐은 발견자의 이름을 따 '뢴트겐선'이라 하지 않고 인류 공동의 재산으로 여겨 이를 '엑스선'이라고만 했어요. 그는 엑스선 발견의 공로로 1901년에 인류 역사에서 최초의 노벨 물리학상을 받게 되는데, 더 놀라운 점은 그 상금을 마치 X선 발견이 그랬던 것처럼 모조리 기부했다는 점입니다.

　빛은 적외선에서 가시광선을 포함하여 자외선까지 좁은 영역은 에너지가 낮아 적당한 양이면 사람에게 해롭지 않습니다.

말랑말랑 과학 공부

빌헬름 콘라트 뢴트겐(1845~1923)

그러나 자외선보다 진동수가 큰 빛은 광자의 에너지가 커서 신체 조직에 손상을 입혀요. 이 영역의 빛은 생체 조직의 분자와 원자에서 전자를 제거할 수 있어 '이온화 복사'라고 부릅니다. 자외선이나 엑스선, 감마선 등은 이온화 복사에 해당합니다. 위험하다는 거죠. 그러나 적외선보다 진동수가 작은 빛은 이온화(전해질이 용액 속에서 양이온이나 음이온으로 분해되어 풀림)를 하지 않아요. 신체 조직에 손상을 입힐 만큼 에너지가 크지 않습니다.

에너지가 작아서 이온화를 하지 않기에 인체에 위험성이 없는 전자기복사[빛]는 가시광선, 적외선, 전자레인지, 휴대전화, 송전선 등입니다. 반면에 진동수가 큰 빛은 진동수가 작은 빛보다 에너지가 큰데, 자외선보다 진동수가 큰 빛은 광자의 에너지가 커서 신체 조직에 손상을 입힙니다. 이 중에 가장 흔하고 대표적인 것이 엑스선인데, 엑스선 파장은 원자 크기와 같이 1천만 분의 1mm에 불과해요. 엑스선 촬영은 몸을 통과한 엑스선의 강약으로 몸의 상태를 영상화해요. 엑스선은 밀도가 낮은 피부나 근육은 통과하고 밀도가 높은 뼈는 통과하지 못하는 원리로 우리 몸속을 그대로 보여줍니다.

엑스선의 발견은 현대 의학의 발전에 크게 공헌했으며, 물리학, 화학, 공학, 천문학 등 다양한 분야에 커다란 영향을 끼칩니다. 화학자들은 엑스선을 이용하여 복잡한 분자 구조를 밝혔으며, 천문학자들은 엑스선 망원경으로 우주를 촬영하는 등 더욱 정밀한 천체 관측이 가능해졌어요. 물리학자들은 갖가지 방사선과 방사능 원소, 그리고 전자기파 스펙트럼 등을 발견하고 연구하고 이해하게 되었습니다.

<과학 스케치 22>
사회에서 과학이 갖는 중요성

과학은 집단적 노력으로 만들어가는 가장 사회적인 학문입니다.

서기 1895년, 엑스선의 발견은 의료 과학의 혁명을 이끌었어요. 1905년 프리츠 하버(1868~1934, 독일)에 의한 암모니아 비료 생산은 식량 생산과 관련하여 인류의 농업 역사를 바꾸어놓았어요. 1928년 알렉산더 플레밍(1881~1955, 영국)의 우연한 페니실린 발견은 항생제의 탄생에 이바지했어요. 1933년에 폴리에틸렌을 대량으로 생산하는 공정을 통해 오늘날 인류의 필수품인 플라스틱 시대를 열었습니다.

실패가 새로운 성공의 길을 여는 경우가 많습니다. 노벨상을 탄생시킨 경우가 그런 것인데요. 화학자이자 사업가 알프레드 노벨 (1833~1896, 스웨덴)은 다이너마이트 개발로 승승장구하였어요. 1888년에 노벨의 형이 죽었을 때 한 신문사가 노벨이 죽은 것으로 착각

알프레드 노벨(1833~1896)

하여 '죽음의 상인, 사망하다'라는 오보를 냈는데, 이때 노벨이 큰

깨달음을 얻고 몇 개의 일화를 거쳐 '노벨상'을 창설하게 됩니다(노

벨은 생전에 본인 스스로 과학상과 문학상 그리고 생리의학상은 물론이고, 전쟁과 평화를 깊

이 생각하여 평화상을 직접 제정함).

<과학 스케치 23>
전자기복사와 태양 빛

전자기복사는 '광자'라고 하는 질량이 없는 입자의 파동을 통해 움직이는 에너지입니다. 불의 열기, 태양에서 나오는 빛, 병원에서 사용하는 엑스선, 전자레인지가 음식을 데우는 에너지 모두 '전자기복사'의 형태입니다.

이렇게 다양한 전자기복사를 이루는 광자의 에너지는 제각기 다릅니다. 보조 장치가 없다면 우리는 다양한 전자기복사의 아주 일부만을 볼 수 있어요. 이 영역을 가시광선 또는 가시스펙트럼(빨주노초파남보)이라고 부릅니다.

전자기복사를 이루는 '광자'는 파동 형태를 한 채 일정한 속도로 공간 속을 움직입니다. 이 파동은 에너지와 파장과 진동수를 이용해 나타낼 수 있어요. 이 3가지 양은 수학적으로 서로 연관되어 있지요.

<과학 스케치 24>
물질과 에너지

에너지는 변화를 일으키는 능력이라고 할 수 있어요. 부피나 질량이 없어 에너지는 '물질'로 분류하지 않지만, 물질에 변화를 일으킬 수 있습니다.

에너지는 두 종류가 있어요. 퍼텐셜 에너지와 운동에너지가 그것이지요. 퍼텐셜 에너지는 화학에너지, 핵에너지, 중력 에너지, 탄성에너지처럼 저장되어 있는 에너지입니다. 화학에너지는 화학적 결합에 저장된 에너지(예: 전지)입니다. 핵에너지는 핵 안에 저장된 에너지(예:원자력)입니다. 중력 에너지는 높이 때문에 저장된 에너지(예: 공의 낙하)입니다. 탄성에너지는 탄성 변형 때문에 저장된 에너지(예: 스프링 장치)입니다.

운동에너지는 기계, 전기, 열, 복사, 소리 등 움직임과 관련된 에너지입니다.

기계 에너지는 운동으로 인한 움직임에 따른 에너지입니다. 전기에너지는 움직이는 전자가 지닌 에너지입니다. 열에너지는 열의 이동에 따른 에너지입니다. 복사에너지는 움직이는 광자가 지닌 에너지입니다. 소리 에너지는 진동하는 음파의 에너지입니다.

1905년에 발표한 '특수상대성이론'에서 아인슈타인은 물질과 에너지의 관계를 똑소리 나게 밝힙니다. 물질과 에너지는 빛의 속도가 매개 인자가 되어 상호 변환이 가능하다고 말이죠. 그 유명한 공식 '$E=mc^2$'이 그것입니다.

<過학 스케치 25>
전자와 양자

1913년에 닐스 보어(1885~1962, 덴마크)는 새로운 원자모형을 제안하는데, 그것은 양자역학의 탄생을 알리는 것이었어요. 그에 따르면 원자 속의 전자는 '양자'라고 하는 특정한 에너지 양만 가질 수 있으며, 핵에서 일정한 거리만큼 떨어진 궤도(에너지 준위)에 존재한다는 것이었어요.

보어의 원자모형은 전자가 1개인 수소 원자에 대해서는 선 스펙트럼 설명을 정확히 해주었는데, 이것은 이후 더욱 정확하고 정교한 양자 모형이 등장하는 일에 큰 도움을 주었습니다. 양자 모형에서 원자는 사실상 '확률 지도'라고 할 수 있는데, 전자는 입자이자 파동으로 다루어져요. 전자는 궤도를 도는 것이 아니라 오비탈에 놓이며 그 위치는 정확하지 않은 확률로 나타납니다. 오비탈은 핵을 둘러싸고 있는 3차원의 확률 영역으로서 전자가 있을 수 있는 영역을 나타내지요.

원소 주기율표에는 네 가지 유형의 오비탈(s, p, d, f)이 있으며, 이 중 어느 오비탈에 전자가 있을지는 전자의 수에 따라 달라집니다. 전자가 있었던 위치를 보여주는 카메라 촬영이 가능하다면 그 사진의 90% 정도를 모아놓은 것이, 바로 오비탈의 형태입니다(s형 오비탈, p형 오비탈, d형 오비탈, f형 오비탈).

양자역학 모형에서 오비탈을 묘사한다는 것은 전자의 모든 가능한 위치 중 90%를 표현하는 기하학적 경계를 그린다는 뜻입니다. 오비탈은 존재 가능한 전자 위치(s, p, d, f)를 갖는 구름 영역으로서 곧 전하 영역입니다.

원자를 구성하는 입자 중에서 가장 먼저 발견된 것은 1897년 '전자'입니다. 이어서 양성자가 발견되고 중성자는 가장 늦게 1932년에 제임스 채드윅(1891~1974, 영국)이 발견(중성자 발견 공로로 1935년 노벨 물리학상 수상)하게 되지요. 그런데 양성자와 중성자는 기본 입자이므로 더는 나눌 수 없다는 가정은 1964년에 머리 겔만(1929~2019, 미국)이 '쿼크'의 존재를 제안하면서 수정되기 시작합니다. 지금은 양성자와 중성자는 각각 3개의 쿼크로 이루어져 있는 걸로 밝혀졌어요. 물론 '전자'는 발견된 저음 그대로 그 자체로 완전한 존재입니다.

과학 르네상스
– 아리스토텔레스에게 도전장을 던지다

기독교 시대 1,000년을 통과하며 먼저 천문학 분야에서 절대 권위자 아리스토텔레스(서기전 384~322, 그리스)에 대한 반격이 시작되었어요. 1543년에 코페르니쿠스(1473~1543, 폴란드)가 『천구의 회전에 관하여』라는 천문학 서적을 냅니다. 그는 여기서 우주의 중심은 지구가 아니라 태양이라고 주장합니다. 당대 상식을 배반하고 이른바 지동설을 제창하는데요. 시대의 지배자 가톨릭계의 반응은 아주 차가웠습니다. 성경은 의심할 수 없는 진리라고 생각하던 신학자들이 대부분이었는데, 가령 마르틴 루터(1483~1546, 독일)는 '성경에서 여호수아가 지구가 아니라 태양에 멈추라고' 한 대목을 들어 지동설을 혹독하게 비판하였죠. 또 신학자 장 칼뱅(1509~1564, 프랑스)은 '하나님이 세상이 흔들리지 않게 든든히 세우셨다는데 어떻게 지

아리스토텔레스(서기전 384~322)

구가 움직인다는 건가?'라며 비난의 화살을 날립니다. 그런데 신앙
심 깊은 코페르니쿠스(1473~1543, 폴란드)도 이 점을 염려하여 자신의
책이 사후에 출판되도록 했고, 실제로 『천구의 회전에 관하여』는
그가 죽은 바로 그해에 출판되었죠.

　코페르니쿠스는 우주의 중심을 지구에서 태양으로 자리를 슬쩍
옮겼을 뿐이에요. 하지만 놀랍게도 이것이 2천 년 동안 공인된 우
주의 진리를 한순간에 무너뜨린 셈이죠. 코페르니쿠스는 라틴어로
번역된 『알마게스트』 관련 책자를 대하며 자신의 생각과 아리스토
텔레스의 생각, 곧 프톨레마이오스의 천구 체계를 철저히 비교 연

구했어요. 프톨레마이오스(100~170, 로마제국)는 2세기에 활동한 그리스의 수학자이자 천문학자로서 『수학적 모음집』을 남기는데, 9세기에 아라비아의 학자들이 이를 '최고'라는 뜻으로 『알마게스트』라고 이름하고 13권짜리 책으로 유럽에 전달합니다. 이 책은 철두철미 우주의 중심을 지구로 보고 있으며, 그것의 증거로 천체 관측과 기하학과 수학 지식을 제시하고 있어요. 중세 시대의 지적 권위자 아리스토텔레스는 프톨레마이오스 지동설에 동의했을 뿐이며, 똑같은 무게감으로 중세 기독교 측은 아리스토텔레스를 진작에 교회의 절대 권위로 추대했을 뿐입니다.

1543년에 발표한 코페르니쿠스의 지동설은 기존의 천동설을 뒤집기는 했으나 천문학적으로 정녕코 충분하지 않았어요. 천상계의 행성들이 천구라는 틀에 박혀 등속운동을 한다는 아리스토텔레스 천문학에서 한 걸음도 벗어나지 않았죠.

지동설의 천문학적 첫 발걸음은 튀코 브라헤(1546~1601, 덴마크)의 몫이었죠. 별을 관찰하던 브라헤가 1572년 어느 날 초신성을 보게 되었어요. 초신성은 별이 사라질 때 나타나는 현상인데, 아리스토텔레스에 따르면 천상계는 고정불변의 완벽한 상태여야 하거든요. 그는 자신이 발견한 초신성을 485일 동안 시시각각 관찰한 뒤에 이것을 『새 별에 관하여』라는 책으로 출판했습니다.

이 책 덕분에 튀코 브라헤는 큰 명성을 얻고 덴마크 왕에게 섬을 하사받아 '우라니보르그[하늘의 성]'라는 천문대를 세웠어요. 1577년에 그는 '우라니보르그'에서 긴 꼬리 혜성을 관측합니다. 아리스토텔레스를 무너뜨릴 결정적인 증거물이 등장한 거죠. 아리스토텔레스는 별들이 천구에 박혀서 돌아간다고 했는데, 튀코의 관측 결과로는 '천구'라는 게 따로 없었던 거예요. 한마디로 교회의 가르침인 천구설, 천동설이 사실이 아니라는 거죠.

튀코 브라헤는 1578년에 펴낸 『새로운 천문학 입문』에서 자신의 우주 모형을 제시합니다. 그것은 지구가 중심이고 그 주위를 달과 태양이 돌고 있으며, 그리고 태양을 중심으로는 수성과 금성, 화성이 돌고 있고 등등. 죽음을 앞두고 브라헤는 지동설과 천동설이 뒤섞인 채로 자신의 모든 관측 자료를 조수인 케플러에게 넘겨줍니다.

요하네스 케플러(1571~1630, 독일)는 르네상스 시대 신플라톤주의자로서 신이 우주를 설계할 때 기하학적 원리로 설계했으리라 믿고, 그래서 태양 중심 이론 코페르니쿠스 수학 천문학을 당연히 따랐겠지요. 그는 1595년에 『우주 구조의 신비』라는 책을 출판하여, 이를 당시 유명했던 튀코 브라헤와 갈릴레오 갈릴레이(1564~1642, 이탈리아)에게 한 부씩 보냅니다. 케플러의 천문학 사상과 수학 실력에 반한 브라헤는 초청장을 보내 그를 자신의 수석 조수로 채용하게 되어요. 이로써 천문학 연구에 기하학과 수학 지식이 주요 동인이 되어 근대 과학, 근대 천문학이 본격적으로 출발하게 됩니다.

케플러는 기독교 삼위일체 '성부, 성자, 성령'을 각각 태양, 별 등으로 해석하여 기하학적 우주 설계와 신의 뜻과 종교 신앙을 하나로 묶으려는 마음이 컸어요. 물론 서양 과학자들의 마음 바탕에는 항상 이것이 버팀목처럼 작용하고 있음을 우리는 잘 알고 있어요.

브라헤의 관측 자료를 정밀하게 분석할수록 케플러는 자신이 코페르니쿠스 이론 쪽으로 마음이 기울어짐을 숨길 수가 없었어요. 케플러가 행성의 궤도를 타원형으로 가정하고 브라헤의 관측 자료를 살펴보니 이게 딱 들어맞는 거예요.

브라헤의 실제 관측 자료를 분석하여 만든 케플러의 법칙은 아리스토텔레스의 천문학 이론을 빠르고 정확하게 무너뜨렸어요. 케플러는 1609년에 『새로운 천문학』책을 펴냅니다. 이 책은 말 그대로 현대 천체 물리학의 기초를 다진 저술이었죠. 여기서 케플러는 [1법칙: 행성은 태양을 초점으로 타원으로 돈다], [2법칙: 태양과 행성을 잇는 직선이 같은 시간에 그리는 면적은 항상 일정하다]를 제시합니다.

케플러의 [3법칙: 행성이 태양 궤도를 한 바퀴 도는 데 걸리는 시간의 제곱은 태양과 행성 사이의 평균 거리 제곱에 비례한다]는 1619년에 펴낸 『세계의 조화』라는 책에 실려 발표됩니다.

케플러는 생각했어요. '브라헤의 관측에 따르면 천구라는 건 없어. 그렇다면 태양 주위를 도는 행성들은 어떤 원리로 제자리를 유지할까?' 이에 앞서 1600년에 윌리엄 길버트(1543~1603, 영국)가『자석에 관하여』라는 책을 펍니다. 그는 관찰과 함께 실험을 굉장히 중요시했는데, 사실상 유럽 역사 최초의 실험과학자라고 할 만한 의사(엘리자베스 여왕의 시의)였죠. 길버트는 각종 실험을 통해 지구가 하나의 커다란 자석임을 밝혔으며, 전기를 가리켜 '호박(일렉트릭스)'이라고 이름 붙인 최초의 과학자였어요.

케플러는 길버트의 자석 이론을 끌어들이는 한편 자신의 탁월한 기하학적 수학 실력으로 천상계의 운동 법칙을 설명하는 데 성공했어요(케플러 법칙 1, 2, 3).

코페르니쿠스의 천상계 철학이 옳다고 확신한 케플러에게 크게 도움을 준, 또 한 사람의 과학자가 있었어요. 갈릴레오 갈릴레이(1564~1642, 이탈리아)는 망원경을 직접 만들어서 달의 분화구를 관찰하고 태양의 흑점을 찾아냈어요. 그로 인해 아리스토텔레스가 주장한 완벽한 천상계를 단숨에 무너뜨렸죠. 세상은 점점 더 기독교 측의 아리스토텔레스를 배반하고 지동설을 주장한 코페르니쿠스 쪽으로 기울어지고 있었어요. 마침맞게 강력한 결정타가 한 방 터져나왔습니다. 그것은 바로 '관성의 법칙'과 '등가속도운동 법칙의 발견'이었죠. 아리스토텔레스 과학은 바로 이 지점에서 산산소사이 났습니다. 특히 갈릴레오는 목성의 위성을 관찰함으로써 지구도 태양을 도는 평범한 행성 중 하나라는 것을 입증했지요.

갈릴레이의 자세한 관측 기록은 1610년에 『별들의 소식』이라는 책으로 출판되었어요. 이 책이 사람들에게 엄청난 파장을 일으키자 교회 측은 갈릴레이를 탄압하기 시작했어요. 하지만 갈릴레이는 1632년에 『두 우주 체계에 관한 대화』라는 책을 출판하는데 여기서 코페르니쿠스를 강력히 지지했지요. 훗날에 1543년의 책 『회전하는 천구에 관하여』에서 회전에서 '혁명'이라는 뜻을 찾아내고 '코페르니쿠스적 전환'을 언급한 임마누엘 칸트(1724~1804, 독일)는 더 덜없이 아리스토텔레스와 가장 멀리 떨어진 곳에 존재할 수밖에 없었겠죠.

자, 이제 과학 르네상스의 종착역까지 왔군요. 아이작 뉴턴(1642~1727, 영국)이 1687년에 『자연 철학의 수학적 원리』 책을 펴냅니다. 이 책명을 라틴어 두문자 조합으로 하면 『프린키피아』가 되어요. 이 책의 핵심은 책명이 그대로 보여주듯 바로 '자연철학을 하나의 수학적 원리'로 철저히 파헤쳤다는 거예요. 이 책에 '뉴턴의 3개의 법칙'이 실려 있습니다. [뉴턴 1 법칙: 관성의 법칙], [뉴턴 2 법칙: 가속도의 법칙], [뉴턴 3 법칙: 작용 반작용의 법칙].

뉴턴은 앞 시대 선각자인 케플러가 솔깃하여 빙의했던 '자기력' 개념을 대신하여 '중력'을 우주의 작용 법칙으로 내놓습니다. 그러나 케플러가 그랬듯이 뉴턴 역시 '중력' 개념을 설명하지 않고 눙치고 슬쩍 넘어갑니다. 그냥 그런 게 있다는 식이었죠. 중력(gravity)은 물체가 서로를 끌어당기는 힘입니다. '자기력' 개념보다는 '중력' 개념이 더 보편적이고 더 간단해서 그래요. 뉴턴은 이 책에서 '중력(gravity)'을 'law of universal gravity'라고 하여 멋들어진 과학 법칙으로 소개하고 있지요. 근대 일본인 학자들이 이를 번역하여 '만유인력의 법칙'이라는 용어가 만들어졌어요. 그런데 뉴턴의 원문 그대로 해석하면 이것은 '보편 중력의 법칙'이 되어야 합니다. 뉴턴이 '중력(gravity)'을 만물의 보편 원리로 상정했음을 보여주는 장면이 아닐 수 없어요.

뉴턴은 '중력'을 단지 '원격작용'의 힘으로 해석하여 물체 간의 상호 인력을 설명하려 했습니다. 그래서 뉴턴이 중력이론을 처음 발표했을 때 이를 노골적으로 비난하고 반대하는 여론이 쏟아졌어요. 그러나 뉴턴의 정교하고 풍부한 수학 지식과 그 자신이 개발한 유율법(미적분법)이라는 획기적 물리 도구는 비난 일색이던 연구자들의 성난 파도를 잠재우기에 충분했습니다. 그래요. 궁극적으로 물리학은 자연현상을 기술하는 과정에서 수학 법칙을 사용하기 때문에 뉴턴처럼 자연의 원리를 수학으로 환원할 수 있을 테죠. 그래요, 카를 프리드리히 가우스(1777~1855, 독일)가 과학의 역사에서 수학의 위력에 대해 말한 바와 같이 '수학은 과학의 여왕'이 틀림없다다요.

<과학 스케치 27>
우주 속도 1, 2, 3

사과는 아래로 떨어지는데 하늘에 있는 달은 왜 지구 쪽으로 떨어지지 않는 걸까요? 직선 운동을 하는 지상계와 원운동을 하는 천상계의 차이일까요? 여기서 아이작 뉴턴(1642~1727, 영국)은 놀랍게도 천상과 지상의 물리법칙을 하나로 통합했습니다. 그전까지 사람들은 아리스토텔레스(서기전 384~322, 그리스)의 생각대로 천상의 운동과 지상의 운동을 별개로 구분했어요.

그러나 뉴턴의 생각은 달랐어요. 중력 법칙 때문에 하늘의 달도 지구를 향해 떨어진다는 것이었죠. 컵이 거실 바닥에 떨어지는 것이나 달이 지구에 떨어지는 것이나 같은 원리로 생각했어요. 그는 대포알 사고실험으로 천상과 지상을 하나로 묶었습니다. 높은 산에서 대포를 쏘면 대포알은 멀리 날아가 떨어질 것이며, 만약 어마어마한 신비의 힘으로 대포를 쏜다면 그 대포알은 지구를 한 바퀴 돌아서 쏜 사람의 뒤통수로 날아올 것이라고 가정하였죠. 지구가 둥글어서 하늘의 달도 자기 높이에서 지상의 대포알과 마찬가지로 지구 주위를 빙빙 도는 것이라 여겼지요. 뉴턴 자신이 정교하게 만든 우주의 언어, 곧 수학 법칙을 만물에 적용하니 지상과 천상의 구별이 마법처럼 사라졌습니다.

지구의 표면은 2차원으로 구부러진 평면입니다. 따라서 지구의 어느 곳이든 같은 방향으로 여행을 계속하면 원래의 출발점으로 되돌아옵니다.

대포알이 지구를 한 바퀴 돌아 다시 뒤통수로 날아올 수 있는 속도를 '제1 우주속도'라 하며 초속 7.9km입니다. 뉴턴이 대포알에 비유했듯이 매우 빠른 속도로 인공위성을 쏘면 그것이 다시 지구로 떨어지지 않고 궤도를 따라 돌게 되어요.

그런데 초속 11.2km(시속 4만 320km)가 되면 그것은 지구의 중력장을 벗어나 다시는 지구로 돌아오지 않는데, 이것을 '제2 우주속도' 또는 '탈출속도'라고 합니다.

초속 16.65km 이상의 속도로 쏘면 그것은 태양계를 완전히 벗어나는데, 이를 '제3 우주속도'라고 합니다.

인류는 이미 '제3 우주속도'에 이르는 데는 성공했지만, 우리 온하를 벗어나게 하는 '제4 우주속도'는 아직 극복하지 못했습니다.

참고로 말한다면, 현대 물리학에서 '속도(velocity)'는 크기와 방향을 가진 물리량(기호 v)을 가리키고, '속력(speed)'은 속도의 크기(기호 s)를 말할 뿐이죠. 하지만 일상에서는 '속도'라는 말을 널리 쓰며, 둘을 잘 구분하지 않아요.

뉴턴 - "나는 거인의 어깨 위에서 더 멀리 볼 수 있었다"

뉴턴의 발언으로 유명한 이 표현은 사실은 뉴턴이 처음 쓴 말이 아닙니다. 뉴턴 시대 앞의 과학자들이 이 발언을 릴레이 형식으로 계속 이어왔던 거예요. 사실상 혼자 특출한 과학자는 없습니다. 과학은 철저하게도 집단적 지성의 산물이며 다른 무엇보다도 사회적인 학문이에요. 과학자는 누구나 앞 시대 혹은 동시대 과학자의 영향력과 후원을 받게 되지요. 근대 지동설에 신호탄을 쏘아올린 코페르니쿠스(1473~1543, 폴란드) 역시 다른 철학자·수학자의 저서에서 큰 도움을 받게 되고, 이후 데카르트(1596~1650, 프랑스)나 갈릴레이(1564~1642, 이탈리아)나 케플러(1571~1630, 독일)는 물론 아이작 뉴턴(1642~1727, 영국)조차 그 문화 패러다임에서 동떨어질 수가 없었죠. 뉴턴은 선대의 업적들을 모으고 예리하게 담금질하여 르네상스 과학을 완성했다는 점에서 인류 과학사에 불후의 업적을 남겼다고 평가받을 만합니다.

가령 갈릴레오 갈릴레이(뉴턴이 말한 그 '거인'임)가 수학과 실험을 중요시했고 특히 그 자신의 고배율 망원경이 관측한 바대로 달이 울퉁불퉁한 돌덩어리라는 사실을 뉴턴에게 전달해주었을 때 뉴턴은 중력 보편 법칙을 설핏 떠올릴 수 있었을 것이며, '자연은 수학이라는 언어로 기록된 성경책'이라는 갈릴레이의 견해에 적극적으로 동의했을 것으로 여겨집니다. 게다가 케플러가 자신의 탁월한 수학 실력으로 태양계의 운행 법칙을 타원궤도로 계산하고 정리한 것과도 의견이 일치했을 것입니다.

한편 오래전 르네 데카르트(1596~1650, 프랑스)가 수학에서 해석기하학과 좌표 공간을 창시하고 우주를 수학적으로 또 기계적 정밀성으로 표현해야 한다는 꿈을 밝혔을 때, 뉴턴 과학의 큰 꿈도 그 지점에서부터 설레는 첫걸음을 시작했을지도 모를 일입니다. 어쨌든 현대 과학의 기원은 인류 지성의 가장 거대한 협업 시스템이라고 할 수 있어요. 뉴턴 과학은 앞 시대 혹은 동시대 지식인들의 발견과 생각에 매료되어 『자연 철학의 수학적 원리』, 곧 『프린키피아』로 알려진 책을 통해 근대 과학에 방점을 찍었습니다.

뉴턴은 운동의 인과법칙으로 운동방정식을 고안하는데요, 그는 물체의 운동이 다음 운동방정식으로 완벽하게 표현될 수 있다고 자신했습니다. F=ma(F는 힘[force], m은 질량[mass], a는 가속도[acceleration]).
이 방정식의 물리적 의미는 '질량이 m인 물체에 힘 F를 가하면 가속도 a가 생긴다'라는 뜻이지요. 이것은 곧 원인과 결과의 관계입니다. 힘을 가하기 때문에 가속도가 발생한다는 '인과관계'를 단순 수식으로 표현한 것이죠. 뉴턴의 이 발상은 더할 데 없이 단순해요. '강한 힘을 가하면 더욱 빠르게 움직인다'를 수식으로 표현했다고 보면 돼요. 그런데 이것이 뉴턴역학의 모든 것입니다. 복잡한 우주 현상과 물리 상태를 인과관계의 수학 법칙으로 설명할 수 있다는 점에서 뉴턴의 이 운동방정식은 과학 혁명의 시발점이 되었습니다. '힘을 가하면 가속도가 발생한다'인데, 힘은 두 가지가 있어요. 중력(장의 힘)과 접촉력이 그것입니다. 중력은 우리가 흔히 '만유인력'이라고 부르는 그 중력이 맞습니다. 접촉력은 중력 외의 나머지 모든 힘을 가리켜요. 그래서 접촉력에는 마찰력, 탄성력, 수직항력, 장력, 부력 등이 있어요.

사실은 여기에 눈에 보이는 힘 '관성력'이라는 게 추가되어야 해요. 버스가 급발진하거나 회전하거나 할 때 느껴지는 힘 말이에요. 그런데 이것은 운동방정식을 사용할 수 있는 상황이 아닌 비관성계 상황에서 작용하는 힘이거든요. 이 관성력을 가속도운동을 하는 물체에서 관측하면, 가속도 방향과는 반대 방향으로 존재한다고 보이는 외관상의 힘을 가리켜요. 이것은 비관성계의 상황이죠.

그런데 뉴턴의 운동방정식은 관성계에 한정되어 쓰일 뿐이에요. 훗날에 알베르트 아인슈타인(1897~1955, 독일/미국)이 관성계와 비관성계를 아우르는 운동방정식을 고안하였으니 이게 바로 그 유명한 〈일반상대성이론〉입니다.

어쨌든 뉴턴의 중력이론은 모두의 관심 사항이던 태양계 내의 중력 작용을 매우 정교하게 설명했어요, 그는 자신의 책 『자연 철학의 수학적 원리』에서 '중력을 이용한 사고실험'을 하는데, 포탄을 지구 자전 속도와 비슷하게 발사하면 포탄이 지구 주변을 원운동하면서 계속 돌 것이라고 예측했어요(이것은 곧 지상과 천상이 하나로 통합되어 우주 자연은 하나의 원리, 하나의 과학 법칙의 지배를 받는다는 뜻임). 특히 해왕성의 존재를 천왕성의 궤도에만 의지하여 수학적 관찰 법칙으로 찾아낸 것은 뉴턴역학의 절정이었죠. 이러하므로 뉴턴의 중력이론은 과학 혁명 시대에 우뚝 솟아난 불세출의 신화가 되기에 충분했습니다.

<과학 스케치 29>
트랜스 휴머니즘(Trans humanism)
- 초인본주의/초인간주의

    과학기술을 통해 인간의 한계를 넘으려는 지적 운동이 있습니다. 트랜스 휴머니즘입니다. 사실 천국과 영생에 대한 종교 교리도 인간의 욕망이 반영되는 지점에서는 트랜스 휴머니즘과 동일합니다. 중세 과학자 모두는 영원한 삶을 약속하는 불사의 약을 개발하는 데 몰두했지요. 8세기에 지금의 이라크 지역에서 활약한 자비르 이븐 하이얀(721~815)을 비롯한 아랍 연금술사가 축적한 과학 지식이 12세기에 유럽에 전해지기 시작합니다.

    로저 베이컨(1214~1294, 영국)은 새로운 철학으로 기독교 교리를 증명할 수 있다는 신념을 가지고 아랍의 연금술과 아리스토텔레스의 철학과 점성술과 천문학 연구에 몰두했어요. 그는 아리스토텔레스 철학을 중심축으로 삼아 논증 중심의 스콜라 철학을 정면으로 비판하고 경험학을 강하게 제창했어요. 그러나 그가 제시한 먼 미래의 인류 기술에 대한 예언은 교회 측으로부터 이단의 죄명을 뒤집어썼고, 그는 14년 동안 옥살이를 하다가 80세에 출옥하자마자 사망에 이릅니다. 1250년에 출판된 로저 베이컨의 저술『과학과 근대 철학』은 300년간 출판이 금지되었죠. 로저 베이컨은 '13세기의 레오나르도 다빈치(1452~1519, 이탈리아)'라고 할 수 있을 정도로 앞선 시대의 대표적인 르네상스인이라고 할 수 있어요. 그는 놀랍게도 자동차와 비행기 등의 탈것들을 이미 13세기에 자신의 경험 철학 예언으로 그려낸 적이 있었거든요.

중세 후기에 들어 교회 측은 천천히 연금술사들의 실험을 인정하기 시작했습니다. 로저 베이컨은 연금술 지식을 바탕으로 일찍이 이론서『위대한 작품』을 저술했으며, 1268년에『자연철학의 일반 원리』,『수학의 일반 원리』등의 책을 내고 1272년에는『철학 개론』을 출판합니다. 베이컨은 자연의 비밀을 실증적 연구로 밝히려는 커다란 꿈을 남몰래 꾸고 있었죠. 이것이 지상에서 가장 위대한 기독교 천년왕국을 세우는 바른길이라고 그는 굳게 믿었습니다.

연금술이 교회 교리를 거스르지 않는다는 이유로 묵인되면서 중세의 연금술은 놀라운 속도로 비상합니다. 이것이 트랜스 휴머니즘의 뿌리가 되었다고 할 수 있어요.

＜과학 스케치 30＞
기계 인간이 기계 자연을 만들다

르네 데카르트(1596~1650, 프랑스)는 사후 출간된 자신의 저서 『인간론』에서 인간은 각 부품을 해체하고 다시 조립할 수 있는 기계와 다를 바 없다고 밝힙니다. 게다가 그는 인간의 육체와 영혼을 이분법으로 딱 자릅니다. 동물은 영혼 없는 기계이며, 기계와 동물은 영혼이 없는 것으로 동일합니다.

계몽주의 시대 유럽에서는 인간 복제가 가능하다고 믿었습니다. 인간이 바로 살아있는 복잡한 기계라고 생각했다는 거죠. 1748년에 프랑스 의사인 라 메트리(1709~1751)는 그의 저서 『인간 기계론』에서 '인간은 스스로 태엽 감는 기계'와 다를 바가 없다고 밝힙니다.

이어 1818년 메리 셸리(1797~1851, 영국)는 인조인간 생명체 괴물 『프랑켄슈타인』을 발표하고, 프랑스 소설가 오귀스트 빌리에 드 릴아당(1838~1889)은 1886년에 전기 공학자가 만든 인조인간 『미래의

프랜시스 골턴(1822~1911)

이브』를 출간합니다.

우생학은 인종차별주의자 영국의 프랜시스 골턴(1822~1911)에게서 시작돼 전 세계로 뻗어나갔어요. 우생학 연구회와 우생학 교육협회를 본뜬 기관도 우후죽순처럼 생겨났죠. 골턴과 사촌지간인 찰스 다윈(1809~1882, 영국, 『종의 기원』 저술)의 아들 레너드 다윈이 1911년부터 우생학 교육협회의 회장을 맡아 오랫동안 자리를 지켰어요('우생학 교육협회'는 '골턴 연구소'로 개명하여 지금도 여전히 운영 중임).

'우생학'이라는 이름을 더럽힌 것으로는 독일의 아돌프 히틀러

(1889~1945)가 이끈 나치당을 빼놓을 수 없습니다(아리아인의 우월성을 내세워 유대인 등을 학살하며 우수 인종 개량을 연구 실험함). 인종 차별과 개량의 광포한 기운은 조선총독부가 가하는 갖은 폭력적 행위를 정당화하였으며, 당대 식민지 조선에서도 1933년에 여운형(1886~1947), 이광수(1892~1950) 등 대표적 지식인 85명이 '조선 우생협회'를 창립하여 잡지 『우생』을 발간하고 '우생결혼상담소'를 운영했었죠. 조선 사회에 일찍이 불어닥친 조혼의 폐지와 여성의 개가 허용 등의 이면에도 우생학적 배경이 작용했다고 할 수 있어요. 그러하매 오늘날 대단한 기세로 몰아치는 각자도생과 승자 독식의 자본주의 세상은 이것 자체가 바로 가혹한 '우생 사회'라고 할 수 있지 않을까요?

생물학자 줄리언 헉슬리(1887~1975, 영국)는 새로운 용어로 '트랜스 휴머니즘'을 제안합니다. 그는 1957년에 논문 「트랜스 휴머니즘」을 발표하는데, 그 요점은 '현재 인간이 갖는 생물학적 제약을 넘어, 인지와 신체 기능을 향상하기 위해 인간은 기술을 사용해야 한다'라는 것이었어요(줄리언의 동생 올더스 헉슬리-1894~1963-는 1932년에 미래 가상 소설 『멋진 신세계』를 발표함).

\<과학 스케치 31\>
상대성이론과 중력 문제

질량이 있는 물체는 서로를 잡아당기는데 이를 '중력'이라고 하며, 그 힘의 크기는 서로 거리가 가까우면 크고 거리가 멀면 작아집니다. 이것이 뉴턴이 발표한 중력 법칙의 요지인데, 흔히 '만유인력의 법칙'이라는 별칭으로 더 자주 불립니다. 태양계 행성들이 날아가지 않고 태양 주위를 빙글빙글 도는 것도 태양의 중력 때문이지요. 태양과 가까우면 태양의 중력이 강해서 빠르게 돌고 태양과 먼 행성은 느리게 도는 원리를 잘 설명합니다. 뉴턴의 중력이론은 그의 수학 원리와 함께 과학적 위력을 발휘하여 천체의 운행 원리나 만물의 운동 법칙과 잘 맞아떨어졌습니다.

1905년에 발표한 아인슈타인의 '특수상대성이론'은 등속운동을 하는 물체에 적용되는 이론이었어요. 조건이 극히 제한적이었으므로 '특수' 상대성이라고 합니다. 아인슈타인이 10년의 고심 끝에 선보인 〈일반상대성이론〉은 뉴턴의 중력이론을 확장 보완한 결정판이라고 할 수 있어요. 우주의 절대 법칙으로 공인된 뉴턴의 '중력'은 이전 시대에도 실제로는 존재하지 않는 힘으로 처리될 수도 있는 개연성을 가지고 있었죠. 그러나 용감하게도 아인슈타인은 뉴턴의 중력을 더욱 정밀하게 현대화하는 작업을 시도했어요. 이것이 바로 1915년에 발표된 〈일반상대성이론〉입니다.

1905년 상대성이론은 '특수', 1915년의 상대성이론은 '일반'—이 둘의 차이에 주목하십시오. '상대성이론'은 빛의 속도를 절대 기준으로 내세운 새로운 중력이론입니다. 빛의 속도는 절대적이며 모든 관찰자에게 동일한 것이고, 중력은 모든 물체에 작용하는 힘이에요. 그런데 여기에 모순점이 발생해요. 중력은 만유인력이라고도 하는데 그것은 물체가 서로를 끌어당기는 힘으로, 중력 효과는 빛의 속도보다 더 빠르게 작용해요. 상대성이론에 따르면 빛의 속도보다 빠른 것은 없거든요. 우주 만물의 모든 기준은 빛의 속도에 맞춰져 있어요. 그렇다면 중력은 실제로 존재하지 않는 힘이거나 또는 '중력 효과'라는 '원격작용'의 테두리 안에서 빛의 속도보다 빠르게 전달된다는 모순이 발생합니다. 아인슈타인은 이 모순을 해결하기 위해 하나의 사고실험을 제시하는데, 이것이 그 유명한 '엘리베이터 사고실험'입니다. 이를 통해 아인슈타인은 '중력'과 자유낙하의 '가속운동'이 비슷한 것이 아니라 아예 똑같은 것이라는 결론을 도출해요.

아인슈타인은 1905년 '특수상대성이론'에서 제쳐두었던 중력 문제를 해결하기 위해 고군분투한 끝에 마침내 1915년에 〈일반상대성이론〉을 발표합니다. 질량을 가진 무거운 물체 주변에서 시공간은 휘어지며 이 뒤틀림이 중력 효과를 만든다는 것이죠. 물체의 질량이 클수록 시공간이 더 많이 왜곡되어 그에 따라 인력이 더 강해진다고 해요. 〈일반상대성이론〉이 만드는 새로운 중력 모델은 빛조차도 중력에 의해 휘어지리라 예측합니다. 왜냐하면 빛은 직진하더라도 시공간 자체가 휘어지기 때문에 빛은 왜곡된 경로를 따를 수밖에 없게 되니까요.

그래요 맞습니다. 아인슈타인은 '중력'이라는 게 다름 아니라 '시간과 공간의 휘어진 곡률'이라고 제시했어요. 중력은 시공간의 휘어짐 때문에 생긴다는 거죠. 태양이나 행성 같은 물체에 의해 휘어진 시공간을 그는 수학 방정식(아인슈타인 방정식)으로 정확히 묘사했어요. 그리고 아인슈타인은 이 주장을 입증하기 위해 스스로 3가지 현상을 예측했습니다.

예측 1. 태양의 질량 때문에 태양 근처에서 빛이 약간 휘어질 것임: 1919년에 천문학자 아서 에딩턴(1882~1944, 영국)이 아프리카에서 직접 관측 확인함.

예측 2. 수성의 근일점 이동: 태양에서 가장 가까운 궤도를 도는 '수성'이 태양의 질량 때문에 타원의 긴 지름이 약 1만 년에 1도의 편차로 회전하리라 예측함: 1859년 르베리에(1811~1877, 프랑스)가 집요한 수성 연구로 근일점 이동을 밝혔으나, 이를 '상대성이론'으로 정확하게 설명함.

예측 3. 중력이 클수록 시간이 천천히 흐름: 오늘날 위성 위치 확인 시스템(GPS). 내비게이션으로 어떤 곳의 위치를 알기 위해서는 인공위성의 자체 시계와 지구에 있는 시계가 정확히 일치해야 하는데, 시간의 흐름이 다르기 때문에 <일반상대성이론>을 이용하여 지금도 시차를 계속 보정함.

1687년에 뉴턴의 중력 법칙이 발표된 이후로 중력이 왜 작용하고 어떻게 작용하는지를 해결한 사람이 아인슈타인이라는 것을 현대 물리학자들이 어제오늘 다투어 동의하고 있습니다. 블랙홀 형성이 아인슈타인의 <일반상대성이론>의 확고한 예측이라는 것을 발견한 공로로 로저 펜로즈(1931~ , 영국)는 2020년에 노벨 물리학상을 수상합니다.

<과학 스케치 32>
원자 혁명에서 원자폭탄까지

1879년에 영국의 한 과학자가 음극선 실험을 통해 매우 작은 입자를 발견합니다. 조지프 존 톰슨(1856~1940, 영국)이 전자를 발견합니다(전자 발견-입자성-으로 1906년 노벨 물리학상 수상/아들 톰슨도 전자 발견-파동성-으로 1937년에 노벨 물리학상 수상).

유리로 만든 진공관에 높은 전압을 걸면 -극에서 +극으로 입자들이 흘러가는 현상이 생기는데, 톰슨은 이 빛의 정체가 -전하를 띤 입자의 흐름이라는 것을 입증했어요. 톰슨은 이것에 '전자(electron)'라는 이름을 붙였죠.

원자 속에 전자가 있다는 것이 밝혀지면서 기존의 원자모형은 수정될 수밖에 없었어요. 존 돌턴(1766~1844, 영국)의 처음 그것은 당구공 같은 하나의 유일 알갱이로 표시되었거든요. 톰슨의 원자모형은 전자가 건포도처럼 원자 속에 박혀있는 것으로 제시되었어

112
말랑말랑 과학 공부

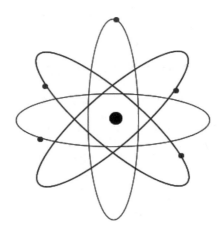

어니스트 러더퍼드(1871~1937)가 제시한 원자모형

요. 그런데 사실 원자는 지름이 약 100억 분의 1m에 불과해요. 광학현미경으로도 볼 수 없을 만큼 극히 작지요. 과학자들은 눈으로 볼 수 없는 것들은 모형을 만들어 제시할 수밖에 없거든요.

존 돌턴 이후로 원자모형에 대한 탐구가 이어집니다. 1911년에 어니스트 러더퍼드(1871~1937, 뉴질랜드/영국)가 '알파입자 산란 실험'을 통해 원자핵의 존새를 찾아내었어요. 원자핵은 원자 질량의 대부분을 차지하나 원자 내부의 아주 작은 공간에 모여있으며, 원자핵은 전자와 반대인 +전하를 가진 것으로 조사(照射, 비추어 쬠)되었죠.

러더퍼드는 실험 결과를 가지고 원자모형을 새롭게 제시했어요. 원자의 가운데 원자핵이 있고 그 주변을 전자가 돌고 있는 모형이었죠. 태양계 구조를 본뜬 이것은 원자력을 상징하는 아이콘으로 대중매체에 등장해 우리에게 지금 아주 익숙한 모형입니다. 1913년에 닐스 보어(1885~1962, 덴마크)는 '양자화'를 제시하며 행성이 일정한 궤도를 돌듯 전자도 정해진 경로만 돈다고 가정하였어요. 아닌 게 아니라, 후일 전자가 일정한 에너지 상태[에너지 준위]를 유지하는 특정한 궤도만 도는 걸로 밝혀졌으며, 오늘날에는 원자모형이 원자핵 주위를 전자구름이 확률적으로 분포한 형태라는 걸로 확정되었습니다.

알다시피 원자모형은 나중에 원자폭탄(1945년)으로 실제 모습을 바꾸기도 했지요. 불행하게도 인류의 원자력 첫 사용은 '원자폭탄'이었습니다.

<과학 스케치 33>
지동설과 천동설

요하네스 케플러(1571~1630, 독일)가『천체의 신비』(1596년 출판)에서 태양을 중심으로 가까운 순서대로 6개의 행성(수성, 금성, 지구, 목성, 토성, 천왕성)이 도는 걸로 우주 모형도를 제시합니다. 코페르니쿠스(1473~1543, 폴란드)를 지지한 태양중심설이자 지동설이었죠. 지동설이 옳다고 한들 우리 삶에 무슨 변화가 있을까마는—여전히 태양은 동쪽에서 뜨고 서쪽으로 지는 것을—케플러는 망원경의 도움 없이 순전히 수학 계산을 통해 지동설이 옳다는 것을 확신하고 있었어요.

케플러는 1609년에 우주여행을 다룬 최초의 소설『꿈』을 발표합니다. 지구에서는 태양이 뜨고 지는 것으로 보이지만, 사실은 지구가 태양 주위를 돈다는 사실을 알려주려는 계몽의 눈빛을 남은 책이었죠. 이 책 때문에 케플러 어머니가 마녀로 몰려 종교 재판을 받게 되고 그 고초로 모자가 차례차례 죽게 됩니다.

케플러는 브라헤의 관측 자료를 바탕으로 해서 행성의 운동을 수학적으로 규명하는 데 성공합니다. 뛰어난 수학 실력만으로는 해결하지 못할 천문학 문제를 케플러는 실제 관측 기록을 근거로 삼아 행성의 공전 궤도가 당대의 상식이나 믿음처럼 원형이 아니라 타원형임을 밝혀내는 데 성공합니다. 그것은 수학과 천문학이 결합하여 이룬 최고의 성과였죠. 성스럽고 고결한 천상의 일이라서 신학자와 철학자만이 연구할 수 있던 천문학 분야에 뛰어난 수학자 케플러가 무심히 끼어들었어요.

케플러는 자신의 수학 계산과 튀코 브라헤(1546~1601, 덴마크)의 관측 자료에 기대어 행성이 어떻게 운동하는지를 알아냈지만, 왜 그렇게 운동하는지 이유를 설명하지 못했습니다. 그것은 뉴턴의 중력이론이 탄생할 때까지 기다려야 했지요(사실상 뉴턴 역시 '중력 작용'의 원리를 설명하지 않았음-원격작용으로 처리). 케플러는 브라헤의 관측 자료를 절대적으로 믿었고 그래서 자신의 수학적 계산을 거듭한 끝에 코페르니쿠스가 전제로 삼았던 원 궤도를 타원으로 수정하게 되었어요. 마침내 그는 득의양양하게 '케플러의 행성 운동 법칙'을 정리하고 발표합니다. '모든 행성은 타원 운동을 한다'가 요지임은 물론이죠.

동시대 인물인 갈릴레오 갈릴레이(1564~1642, 이탈리아) 역시 코페르니쿠스의 '태양중심설'을 지지했어요. 갈릴레이의 망원경 관측은 당시 교회의 지침이던 아리스토텔레스(서기전 384~322, 그리스)의 이론에 치명타를 가했지요. 갈릴레이는 자신이 발명한 고배율 망원경을 가지고 직접 하늘을 관측하여 지동설을 확증했습니다. 목성의 4개 위성(갈릴레이 위성) 발견, 금성과 화성이 달처럼 위상 변화함을 발견, 달의 분화구 발견, 태양의 흑점 발견 등이 그 확실한 증거였어요.

케플러와 갈릴레이의 과학적 노력에도 불구하고 천동설은 쉽게 폐기되지 않았어요. 시대의 영원한 지배자 무서운 가톨릭교회 측이 지동설을 이단 행위로 삼아 탄압을 늦추지 않았거든요. 아리스토텔레스가 제시한 우주의 '지구중심설' 이론은 한참 오래전에 기독교 교리에 편입되었죠. 종교와 과학의 깊은 갈등 이후로 300년 이상이 훌쩍 지나서 1992년에 이르면, 로마가톨릭교회에서 갈릴레이 등의 종교 재판의 잘못을 시인하고 지동설을 공식적으로 인정하게 됩니다.

＜과학 스케치 34＞
물방울의 우주

물질은 분자로 이루어져 있어요. 그래요. 물은 수많은 물 분자로 이루어져 있지요. 물 알갱이 하나는 500만 분의 1㎜ 크기입니다. 물 알갱이 하나가 물 분자 하나입니다. 이것은 수소 원자(H) 둘과 산소 원자(O) 하나로 이루어져 있죠. 분자식으로는 H_2O입니다. 그런데 물 분자는 산소 원자가 항상 가운데 있고 그 양옆에 수소 원자가 하나씩 붙어 있어요. 말하자면 물 알갱이는 산소가 기준점이에요. 그래요, 물에서 산소가 중요하죠. 생각해보면 지구에 물이 없었다면 우리 같은 생명체가 태어날 수조차 없었을 테니까요.

놀라운 것은 물 알갱이의 산소 원자와 수소 원자 결합이 가지런한 게 아니라 살짝 굽어 있다는 점이에요. 평균 104.45 정도의 각으로 살짝 틀려있죠. 이게 정말 중요합니다. 그래서 하나의 물 알갱이는 튀어나오거나 들어간 부분이 생기는데, 여기서 물방울의 독특한 성격이 만들어져요. 여러 개의 물 알갱이들의 요철 부분이 딱 들어맞게 되면 잘 뭉쳐지거든요. 이것 때문에 물 알갱이가 뭉쳐져 물방울이 되고 이것이 움직여 물결이 되고 물줄기가 되어 물은 계곡물이 되고 시냇물이 되고 강물이 되고 바다가 되거든요. 하나의 물 알갱이가 지금처럼 104.45도 정도로 살짝 굽은 형태로 결합하는 대신 산소와 수소가 그냥 일직선으로 쭉 뻗어있는 구조였다면, 물은 지금처럼 잘 뭉치지 못했을 거예요. 이 점에서 물의 이런 성질은 지구 생명체에게 가장 큰 축복이라고 할 수 있어요.

게다가 물 분자는 열을 많이 받아도 온도가 잘 변하지 않는 특성이 있어요. 그 덕에 생명체의 체온이 안정적으로 유지되지요. 또 물은 다양한 물질을 녹이는 용매로 작용함은 물론이고, 70%가 물인 인간의 몸이 음식물 섭취를 쉽게 하게끔 돕지요. 물이 탄생하지 않았다면 어떤 생명도 탄생하지 못했을 거예요. 하하하, 그렇습니다. 동서고금 없이 물은 생명의 원천이 맞고말고요.

물은 알갱이의 특별한 성질 때문에 다른 물질에 비해 잘 뭉치는 힘이 강하고 소립자 알갱이로 혼자 돌아다니기보다 물방울을 이루거나 액체 상태가 되어 찰랑거리는 걸 잘하고 좋아합니다. 만약 물 알갱이가 서로 떨어져서 날아다니게 하려면 십씨 100도 이상의 높은 온도가 필요하지요. 물 분자의 화학 결합을 강제로 풀지 않는 한, 물 알갱이는 항상 꼭 붙어있습니다. 또 하나 물의 특별한 점은 분자 구조의 특이성인데요. 이 특성 때문에 물은 액체일 때보다 고체일 때가 더 가벼워요. 보통 물질은 고체일 때가 분자 구조가 촘촘하여 가장 무겁거든요. 그런데 물은 4℃일 때 가장 무거웠다가 0℃ 이하 얼음이 되면 가벼워져서 물 위에 둥둥 떠요. 그래서 겨울 연못 얼음장 밑에서 물고기가 살 수 있는 거거든요. 이래저래 물은 지구 생명체에게 생명수가 틀림없어요. 참고로 분자의 존재를 발견했으며 그리하여 물의 분자식이 HO가 아니고 H_2O_2가 아니고 H_2O라는 사실을 증명한 이가 아메데오 아보가드로(1776~1856, 이탈리아)였습니다.

덧붙여 말한다면, 과학자들은 물질을 이루는 알갱이들이 어떤 모양과 구조를 갖고 있는지에 따라 물질의 성질이 결정된다고 보고 있습니다. 이것을 전문 용어로 '구조 활성 관계(SAR: structure activity relationship)'라고 합니다. 가령 탄소 알갱이를 예로 들자면 탄소 원자가 그냥 뭉쳐져 있으면 숯처럼 생긴 시커먼 덩어리일 뿐입니다. 그러나 구조상 탄소 원자(C)가 주위의 다른 탄소 4개와 규칙적으로 붙어 있고 그 모양이 반복적으로 연결되면서 그 각도가 평균 109.5도를 이루면 그것은 다이아몬드가 됩니다. 탄소 결합의 대표 물질인 흑연은 탄소 원자(C)가 다른 탄소 원자 3개와 규칙적으로 붙어 있고 그 결합의 각도가 평균 120도로 이루어져 있지요.

물은 흘러 흘러 바다로 가고 지구 바다의 평균 깊이는 약 4,0

00m입니다.

　또 하나 참고로 플라스틱을 말한다면, 플라스틱은 99% 석유로 만들어지며 생산부터 폐기까지 모두 온실가스를 배출해요. 게다가 자연 분해에 500년 정도의 시간이 걸려요. 석유화학 산업이 생산한 플라스틱은 쉬 자연으로 돌아갈 수조차 없어요. 온 지구 산천과 바다에 미세 플라스틱이 미생물처럼 떠다니는 세상입니다. 우리나라는 세계 4위 플라스틱 생산국이며, 1인당 소비량은 주요 10개국 중 압도적 1위입니다. 생활하다 보면 이것저것 모든 게 플라스틱 나부랭이임을 알게 돼요. 파리 기후 협약처럼 세계가 빨리 플라스틱 협약을 체결하여 전 지구적으로 연대하여야 해요. 플라스틱을 줄여야 지구가 숨을 쉽니다. 기후 위기에 못지않게 플라스틱 홍수에 잘 대응해야 뭇 생명이 환하게 살아납니다.

<과학 스케치 35>
라플라스의 악마 - 기계론적 결정론

　'프랑스의 뉴턴'이라는 별명을 가진 사람이 있어요. 피에르 시몬 라플라스(1749~1827, 프랑스)는 수학자이면서 과학의 정량적 방법을 중시했는데, 동시대 벗으로 화학자 라부아지에(1743~1794, 근대 화학의 창시자)가 있어 그와 협업 작업을 종종 했었죠. 그는 특히 수학적 방법의 중요성을 강조했는데, 그런 까닭에 뉴턴이 완성한 기계론적 결정론을 금과옥조로 믿었습니다.

　라플라스는 가상의 존재(악마)를 상정하여 뉴턴의 기계적 결정론을 우주의 보편 법칙으로 일반화하기를 꿈꾸었어요. 그는 1814년 어느 날 악마와 함께 거의 동시에 말합니다. "우주에 있는 모든 원자의 정확한 위치와 운동량을 알고 있는 존재가 있다면, 이것은 뉴턴의 운동 법칙을 이용해 과거와 현재의 모든 현상을 설명해주고 미래까지 예언할 수 있다(라플라스 에세이 『대략적인 혹은 과학적인 결정론의 표현』중에서)."

그러나 라플라스의 원대한 꿈은 20세기에 들어 양자역학 때문에 산산조각이 났어요. 알다시피 고전물리학이 내세운 기계론적 결정론이 양자 세계의 확률론적 이론에 주인 자리를 물려주었던 것이죠. 이제는 그 누구도 '라플라스의 악마'를 잘 알지 못하고 사랑하지도 않아요. 양자물리학이 밝힌 세상은 선천적으로 비결정적이라는 거예요. 그것에 따르면 만물은 오직 확률로 존재할 뿐 명확하게 결정된 것은 아무것도 없습니다. 양자론에서 결정론이라는 철학적 사고는 비과학적인 것으로 내몰렸으며, 자연 세계는 사실과 존재와 현상이 제각각 달라서 필요한 때에 참모습을 슬쩍슬쩍 드러낸다고 믿을 뿐이죠.

참고로 서양 과학사에서 4대 악마는 "데카르트의 악마, 라플라스의 악마, 맥스웰의 악마, 다윈의 악마"입니다. 이 악마들은 사고실험의 결과라고 할 수 있어요. 데카르트의 악마는 자신의 존재 증명(코기토 에르고 숨)에 필요한 가상의 존재이며, 맥스웰의 악마는 기체 분자 운동론에 등장하는데 열역학 제2 법칙을 수호하려는 존재였어요. 다윈의 악마는 『종의 기원』 책에 언급된 문구로 만든 가상 유기체(절대 생물-'세균'으로 추정)로서 생물학적 제약이 없는 무한 존재입니다.

<과학 스케치 36>
자연이라는 성경책 – 갈릴레오 갈릴레이

갈릴레이가 말했어요. "수학은 신이 우주를 기록할 때 쓴 언어"라고요. 그에게 수학은 자연법칙을 탐구하는 절대 수단이었죠. 그래, 물리법칙의 '상대성원리'는 처음 갈릴레오 갈릴레이(1564~1642, 이탈리아)가 정립했지요. 고전역학에서도 '상대성원리'는 중요한 요소였거든요. 왜냐하면 똑같은 물리현상이라도 관찰자에 따라 다르게 보일 수가 있으니까요. 하지만 이것은 훗날 알베르트 아인슈타인(1879~1955, 독일/미국)이 적용한 '상대성이론'과는 전적으로 다른 거예요. 상대적으로 운동하는 관측자들이 보는 우주가 똑같을 것인지에 대한 이론이 '상대성이론'일진대, 갈릴레이의 그것은 우리가 보통 하는 대로 시간과 공간 측정의 상대성을 따지는 것이죠. 이것은 통념상 '상대성'이라는 표현이 주는 감각을 생각한다면 보통 사람들에게도 그 의미가 또렷해집니다. 갈릴레이 물리학에서 불변의 기준은 '시간과 공간'이에요. 즉 그곳 물리현상에는 시간과 공간의 절대성이 바탕에 견고하게 깔려 있거든요.

그러나 아인슈타인의 '상대성이론'은 불변의 기준이 달라요. 그곳에서는 시간과 공간이 불변의 기준이 아니에요. 시공간은 달라지고 변하는 것이지요. 물리현상의 절대성 기준이 달라졌어요. 아인슈타인은 시공간을 가변의 존재로 처리했죠. 대신 불변의 존재, 절대성의 존재로 '광속의 법칙'을 내세웠어요. 우주 공간에서 빛의 속도는 관찰자와 상관없이 항상 일정하다는 거죠. 아인슈타인은 우주 법칙의 절대 기준으로, 즉 우주의 상수로 '광속'을 제시했어요. 그렇지만 기존의 과학자들, 곧 갈릴레이(1564~1642, 이탈리아)나 뉴턴(1642~1727, 영국) 등은 시간과 공간을 불변의 것으로 못 박았어요.

아인슈타인은 당대의 절대 진리를 무너뜨렸어요. 시간과 공간의 절대성을 깨뜨렸죠. 사람들의 오랜 통념과 과학자들의 상식이 단숨에 뒤집혔어요. 시간과 공간이 상대적인 운동에 따라 달라진다고 상상하기란 정녕코 쉽지 않은 일이죠. '시간과 공간이 운동 상태에 따라 움직이고 변한다니' — 아인슈타인의 '상대성이론'이 과학계는 물론이고 일상에서도 센세이션을 일으키며 세상의 주목을 독점하게 됩니다. 물론 이렇게 되기까지는 1905년에 처음 '특수상대성이론' 발표 후 10년이 지나 탄생한 1915년의 〈일반상대성이론〉이 결정적인 역할을 했음은 물론입니다.

〈과학 스케치 37〉
빛보다 빠른 것은 없다, 우주의 언어
- 광속

20세기에 아인슈타인이 찾은 우주 본연의 언어는 '광속'이었습니다. 따라서 우주를 제대로 기술하려면 광속을 기준으로 물리 질서를 새롭게 세워야 했어요. 아인슈타인에 따르면 시간과 공간은 인간의 언어에 속하며 가변적인 것이었어요. 그에게는 '광속'이야말로 우주의 언어에 속하며 절대적인 것이었죠.

'특수상대성이론'에서는 움직이는 좌표의 시간 간격이 늘어나는데 이를 '시간 팽창'이라고 해요. 지구인과 우주 여행자의 시간은 다른데, 즉 시간은 운동 상태에 따라 상대적입니다. 정지좌표계가 봤을 때 움직이는 좌표계가 진행하는 길이는 짧아지며 그 정도는 시간 간격이 늘어나는 정도와 똑같아요. 아인슈타인의 이론에 따르면 시간이 그런 것처럼 이와 마찬가지로 공간 또한 절대적이지 않습니다. 게다가 시간과 공간이 독립적으로 따로 놀 수가 없어요. 광속이 어느 좌표에서나 불변으로 작용하기 위해서는 시간과 공간이 하나로 얽혀들어야 하거든요. 그리하면 시간과 공간은 하나의 '시공간'을 구성하게 되지요.

'특수상대성이론'에서 물체의 운동을 기술할 때, 질량이 있는 물체의 에너지는 정지에너지와 운동에너지로 나누어져요. 이때 정지에너지는 질량에 광속의 제곱을 곱한 값으로 주어지는데, 이게 바로 그 유명한 아인슈타인의 에너지 공식 '$E=mc^2$'입니다.

'상대성이론'이란 상대적인 운동에 따라 자연을 기술하는 이론을 가리키는데, 그 상대적인 운동이 등속운동일 때는 '특수상대성이론'이고, 가속운동일 때는 〈일반상대성이론〉이 됩니다. 가속운동은 등속운동이 일반화된 운동이라고 할 수 있는데, 가속운동의 상대성이론에서 가장 중요하고 기본이 되는 원리가 바로 '등가원리'입니다. 가속에 따른 관성력과 일반적인 중력을 구별할 수 없다는, 즉 둘은 같은 것이라는 게 아인슈타인이 제시한 '등가원리'이지요.

'등가원리'를 이용하면 중력에 관한 새로운 결과를 얻을 수 있습니다. 가속운동을 하면 시공간의 모양이 심하게 뒤틀리는데, 여기서 가속운동은 '중력'으로 바뀌치기할 수 있고 그렇다면 중력은 곧 시공간의 뒤틀림으로 해석할 수 있거든요. 이것을 수학적 방법, 곧 수식으로 옮긴 게 바로 아인슈타인의 '중력장 방정식'입니다.

아인슈타인의 '상대성이론'에서 '광속의 불변성'이라는 기초 토대를 눈여겨본 동료 과학자가 처음 아인슈타인의 새 이론을, 그래서 '불변 이론'으로 이름 짓기도 했었죠. 그만큼 '상대성이론'에서 광속은 불변성, 절대성을 가진 존재라는 걸 기억할 필요가 있어요. 과학 사상 처음으로 '광속 불변의 법칙'을 찾아낸 제임스 클러크 맥스웰(1831~1879, 영국)을 아인슈타인은 가장 존경하는 과학자 중 하나로 손꼽았다지요. 새로운 천 년이 시작되는 서기 2000년을 기념하여 역사상 가장 큰 업적을 남긴 과학자를 뽑는 자리에서 "1위 아인슈타인, 2위 뉴턴, 3위 맥스웰"이 선정되었다고 영국 BBC 방송이 밝힌 바 있습니다. 게다가 이것이 일반인을 대상으로 투표한 게 아니라 당시 명망 있는 100명의 지도자급 물리학자들을 대상으로 한 조사 결과라서 그 값어치가 더욱 신선하고 또렷하게 전해지네요.

＜과학 스케치 38＞
핵자(nucleon)와 동위원소

　원자핵을 구성하는 양성자와 중성자를 합쳐서 이르는 말이 '핵자'인데, 양성자와 중성자의 질량은 거의 같아요. 양성자의 개수는 원자번호로 표시하여 그대로 드러나나 중성자의 개수는 그렇지 않아요. 그래서 양성자와 중성자를 합친 핵자의 개수를 표기하기도 하는데 이를 '질량수'라고 합니다. 19세기에 과학자들이 맨 처음 원소 주기율표를 만들 때는 원소들 사이의 규칙성으로 '질량수'를 따지곤 했어요.

　원자의 종류는 양성자의 개수로 정해지는데, 원소의 정체성이 곧 양성자 개수라는 뜻이기도 해요. 그러니까 주기율표의 원자번호가 곧 양성자의 개수입니다. 가령 원지번호 1빈 수소(H)는 양성자가 하나라는 뜻이고, 우라늄(U)의 원자번호는 92번으로 양성자가 92개 있습니다. 그런데 원자폭탄과 밀접히 관련된 중수소(H_2)에는 양성자와 중성자가 원자핵을 이루고 있어요. 그리고 자연에 존재하는 대부분 우라늄은 U_{238}인데 양성자 92개에다가 중성자가 146개 들어 있어요(U_{238}은 '92+146=238'의 뜻임). 핵무기의 원료로 쓰는 동위원소 U_{235}는 중성자가 143개 들어 있다(92+143=235)는 뜻이에요.

'동위원소'는 양성자의 개수는 같으나 중성자의 개수가 다른 원소를 가리키는데, 즉 원소의 정체성은 같으나 원자의 질량이 다른 원소를 일컫습니다. 위에서 보는 U_{238}과 U_{235} 같은 경우가 동위원소입니다.

원자 자체는 전기적으로 중성입니다. 왜냐하면 원자는 본디, +전하를 가진 양성자와 -전하를 가진 전자의 개수를 똑같이 갖고 있기 때문이지요. 그런데 원자에서 전자의 개수에 변화가 생겨 이 균형이 깨지면, 원자가 전기적으로 양성이거나 음성인 상태 즉 '이온(ion)'이 됩니다(음이온 또는 양이온).

<과학 스케치 39>

퀴크(quark)와
중간자(mesotron 또는 meson)

　'세상은 무엇으로 만들어져 있을까'에 대한 과학자들의 답변은 현재 '퀴크와 전자'입니다. '퀴크'는 기존의 핵자를 대체하는 것으로 1964년에 물리학자 머리 겔만(1929~2019, 미국)이 예측하였으며, 1968년에 실험적 증거를 통해 양성자에 내부 구조가 있다는 사실(퀴크)을 찾아냈는데 이때를 통상적으로 '퀴크' 발견일로 봅니다(1969년에 머리 겔만-노벨 물리학상 수상).

　원자는 원자핵과 전자로 구성되어 있으며, 여기서 원자핵이 양성자와 중성자로 이루어져 있는데, 실상은 양성자와 중성자 그 자체도 '퀴크'라는 기본 입자로 구성되어 있다고 보는 거에요. '퀴크'는 궁극의 기본 입자로서 내부 구조가 없는, 즉 더는 분리될 수 없는 입자로 알려져 있어요. 퀴크와 관련해서 원자의 원자핵에서는

12개의 입자가 만들어지는데, 이를 '페르미온(fermion)'이라고 합니다.

그런데 1935년에 유카와 히데키(1907~1981, 일본)가 '중간자' 이론을 제시하는데요. 원자핵 속에 들어 있는 양성자(주기율표 1번인 '수소' 원자를 제외하면 2번 '헬륨' 원자부터는 모두 원소가 둘 이상의 양성자를 갖고 있음)는 모두 양의 전기를 띠므로 서로의 반발력 때문에 안정된 원자핵이 구성될 수 없다고 보고, 이를 중간에서 매개하는 입자를 제시하는데 이게 바로 '중간자(메손)'입니다. 이때는 '쿼크' 개념이 등장하기 전이라 핵자가 기본 입자라고 여겨지던 때였죠. 유카와는 원자핵 속에서 핵자(양성자와 중성자)가 '중간자'라는 입자를 주고받으며 강력한 힘을 발휘해 서로의 반발력을 이겨내고 원자핵으로 묶여있다고 주장했어요. 여기서 원자핵을 강력하게 묶는 핵자들 사이의 힘을 전문 용어로 '강한 핵력(강력)' 또는 '강한 상호작용'이라고 해요(현재 물리학의 세계에서 세상을 움직이는 4개의 힘[Force] 또는 상호작용은 중력, 전자기력, 강력, 약력으로 정리함). 1947년에 세실 플랭크 파월(1903~1969, 영국)이 그의 우주선 관측 실험을 통해 파이온(pion)이라는 중간자를 실제로 발견하였고, 그 공로로 유카와 히데키는 1949년에 일본인 최초로 노벨 물리학상을 수상합니다(중간자를 발견한 파월은 다음 해인 1950년에 노벨 물리학상을 수상).

쿼크의 등장으로 과학자들은 강력의 실체가 '쿼크'라는 기본 입자들 사이에 작용하는 힘으로 인식하게 되었어요. 한마디로 '쿼크'는 강력을 느끼는 페르미온이라 할 수 있어요. 현상적으로 핵자들이 중간자(메손)를 주고받는 과정 또한 쿼크 수준의 강력이라고 설명할 수 있습니다. 강력 때문에 쿼크들이 뭉쳐서 핵자나 중간자를 만드는 것이지요.

강력을 느끼지 못하는 페르미온은 경입자(lepton)라고 하는데, 전자와 중성미자(neutrino, 작은 '중성자'라는 뜻. 엔리코 페르미-1901~1954, 이탈리아/미국-가 1933년에 발견 및 작명. 1938년 노벨 물리학상 수상./'중성자'는 1932년 제임스 채드윅-1891~1974, 영국-이 발견. 1935년 노벨 물리학상 수상./중성자는 원자핵 속에 속박되지 않아 불안정한데 15분 정도의 수명에 붕괴하면서 스스로 양성자로 바뀌며 전자와 중성미자라는 입자를 방출함.)가 대표적인 경입자입니다.

<과학 스케치 40>
자연 철학의 수학적 원리

우리는 언제부터 중력을 인식하고 그것을 보편 법칙으로 받아들였을까요? 1687년 7월 5일 아이작 뉴턴(1642~1727, 영국)이 영국 왕립협회의 지원을 받아『자연 철학의 수학적 원리』라는 제목의 책을 발간합니다. 이것은 당시 지식인의 언어인 라틴어로 저술되었으며, 라틴어로 된『자연 철학의 수학적 원리』를 두음자 모음 형식으로 적으면『프린키피아』가 돼요. 과학 혁명의 완성판이라고 할 이 책은 원래 이름인『자연 철학의 수학적 원리』를 대신하여『프린키피아』라는 라틴어 약칭으로 더 널리 알려져 있어요.

그런데 이 책에서 가장 중요한 것은, 그 내용이 아니라 놀랍게도 바로 '책명'입니다. 하하하, 시인의 밝은 눈이 용케 발견했지요. 원래의 책명『자연 철학의 수학적 원리』는 우리에게 단박에 큰 깨우침을 줍니다. 오호라 뉴턴의 그 유명한 '만유인력 법칙'이라는 게

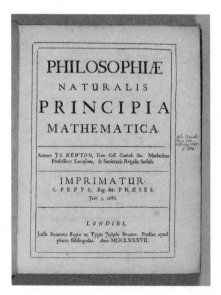

아이작 뉴턴의 『자연 철학의 수학적 원리』(약칭 '프린키피아')

하나의 수학 법칙이구나 하고요. 복잡다단한 '자연철학'을 간소하게 '수학적 원리'로 풀어서 쓴 책이구나 하고 말이지요. 결국은 '과학'이라는 새 학문을 수학적 원리로 정밀하게 다듬고 정리한 게 바로 이 책『자연 철학의 수학적 원리』의 모든 것입니다. 그런데 아이작 뉴턴의 앞 선구자들 역시 '수학'이라는 도구의 중요성에 주목하고 있었어요. 코페르니쿠스, 르네 데카르트, 케플러, 살릴레오 갈릴레이 등등 누구 하나 빠지지 않았죠. 특히 갈릴레이는 '자연은 커다란 성경책이며 그 언어는 수학으로 적혀 있다'라고 공언할 정도로 수학 지식의 유효성에 천착한 과학자였어요. 가톨릭 보편 종교와 과학 지식의 연결이나 연대감을 떠올리지 않고서는 서양 근대 과학의 출발을 우리로서는 상상조차 할 수 없습니다. 자연 우주와 기독교 신앙을 매개할 때만이 비로소 우리는 근대 과학의 출발점을 옳다구나 깨달을 수 있어요.

『자연 철학의 수학적 원리』가 시발점이 되어 자연현상이 수학적인 힘과 법칙에 따라 규명될 수 있으며, 신학이나 종교적 믿음이 아니라 과학 지식을 통해서도 진리에 도달할 수 있다는 믿음이 광범위하게 퍼져나갔어요(계몽주의 운동과 휴머니즘 사상과 산업혁명 등등, 즉 서구 근대화 역사 모두에 직간접적인 영향을 끼침).

뉴턴은 책의 서문에서 "모든 운동의 근원은 힘(force)이고, 이 책에서는 이에 대한 명확한 증명을 제시한다"라고 밝히며, '역학은 운동에 관한 과학'이라고 정의합니다. 한마디로 뉴턴은 이 책에서 수학적 언어로 자연을 분석했어요. 아니, 아니, 수학적 언어로 과학을 기술했어요. 뉴턴은 이 책을 통해 새로운 과학 연구 방법을 제시했습니다. 첫째는 물체의 운동을 움직임이 아니라 '힘'으로 이해한 것. 둘째는 가설을 제시하는 게 아니라 과학 이론을 직접 찾고 이를 수학적으로 정리하고 실험으로 입증하는 것. 셋째는 접촉하지 않고도 물체 사이에 작용하는 '중력'이라는 신비한 힘을 제시한 것 등입니다.

뉴턴은 이 책에서 당대의 정설이던 데카르트의 '에테르 소용돌이 가설'을 통렬하게 논박합니다. 말하자면 '에테르 소용돌이 가설'을 뉴턴은 자신의 '중력 법칙'으로 맞받아쳤어요. 그는 중력 법칙을 이용하여 태양계의 모든 현상을 설명했습니다. 그는 책의 끄트머리에 이렇게 말했어요. "태양계처럼 우아한 체계가 만들어지려면 '현명하고 강력한 손길'이 반드시 필요하다. 그 전능한 존재는 만물의 주인으로서 모든 것을 다스린다 … 자연현상에서 신의 존재를 유추하는 것도 분명히 자연철학의 일부이다." 아아 그래요. 『자연철학의 수학적 원리』 저술은 결국 '자연철학의 신학적 원리'가 명백히 '수학'에 토대를 두고 있음을 밝힌 신앙 고백 같다고나 할까요.

그런데 뉴턴의 중력이론은 발표 당시에 많은 비판을 받았어요. 일종의 원격작용인 '중력'을 두고서 '불가사의한 마술'을 과학에 도입했다는 비난이 쏟아졌지요. 그러나 만유인력 법칙을 비롯한 '뉴턴역학'은 여러 경로를 거치며 18세기 말에는 누구도 거부할 수 없는 불세출의 이론이 되었습니다. 뉴턴의 명저 『자연 철학의 수학적 원리』는 '중력이론'은 물론이거니와 자신이 최초 개발한 미적분 수학을 선보이며, 힘과 운동에 관한 연구를 집대성해서 '역학의 수학적 완성'을 이룬 셈이었죠.

톺아보면 고대부터 중세까지는 주로 움직이지 않는 대상을 연구했어요. 유클리드기하학, 논리학, 대수학과 삼각함수 등 모두가

정적인 대상에 관한 연구였어요. 15세기와 16세기, 즉 코페르니쿠스(1473~1543, 폴란드) 등장을 전후하여 움직이는 대상에 관한 연구가 활발해졌어요. 천문학에서는 태양과 행성 연구가 불을 뿜었으며, 수학 지식과 망원경과 기타 과학 도구의 발달로 말미암아 '지동설'이 확고한 지지세를 얻어갔죠.

모든 물체는 '질량'이라는 성질을 가지며 질량은 물체의 움직임에 영향을 줍니다. 만물에 적용되는 보편 중력 법칙을 발견하고 이것을 정리한 뉴턴의 업적은 실로 대단한 것이었어요. 아이작 뉴턴은 '르네상스 과학 혁명'의 성과를 집대성하여 이를 완성합니다. 우주 이론이 지구 중심에서 태양 중심으로 변환되고, 아울러 유럽 대류이 여러 분야에서 신과 신앙 중심주의에서 인간과 이성 중심주의로 전환되어가는 시대적 배경이 그의 절친한 벗이 되어 인류 역사의 새 지평을 힘껏 열어젖혔습니다.

『자연 철학의 수학적 원리』는 코페르니쿠스가 제시한 지동설의 미진한 부분을 수학적으로 정밀하게 보완함으로써 지상과 천상의 경계선을 완전히 허물었습니다. 뉴턴에게 수학은 우주의 통일된 언어이자 자연법칙이 기록된 언어였거든요. 조만간 이것은 사회의 여러 분야에 도미노 현상을 일으키는데, 한마디로 이것은 서구 사회에서 '인간 이성의 위대한 승리'를 상징하는 고귀한 가치 체계로 곧장 올라서게 됩니다.

3장

별의별 과학
　- 아인슈타인의 상대성이론

<과학 스케치 4>
과학자와 연금술

유럽에서 고대부터 17세기까지 연금술이 성행했어요. 연금술에는 인공적으로 금과 같은 귀금속이나 만병통치약을 구하려는 인간의 욕망이 강하게 들어가 있다고 할 수 있어요. 서양에서는 아리스토텔레스(서기전 384~322, 그리스)가 주장한 원소설에서 영향을 잔뜩 받았어요. 4 원소(공기, 물, 흙, 불)는 성질을 달리하여 결합하고 분리할 수 있으며, 따라서 금을 만들어내는 것도 가능하다고 본 것이죠.

이슬람 연금술의 일인자인 자비르 이븐 하이얀(721~815, 이란)은 아리스토텔레스의 원소설에 영향을 받고 거기에 자신의 견해를 첨가하여 연금술을 확장하고 정립했어요. 그는 모든 금속은 수은과 황으로 만들어진다고 생각했으며 비금속이 금으로 변성하려면 촉매제가 필요하다고 보았는데, 후대의 연금술사들은 이 촉매를 '현자의 돌'이라고 이름했어요.

말랑말랑 과학 공부

세월이 흐르며 저절로 '현자의 돌'은 그 성격을 확장하여 비금속을 금으로 바꾸는 것만이 아니라, 불로장생이나 만병통치의 약을 만드는 것으로도 여겨졌지요. 즉 연금술은 화학 실험은 물론 약품 제조에도 이용되었어요. 16세기 최고의 연금술사는 파라 켈수스(1493~1541, 스위스/켈수스-서기전 42~서기 42- '파라'는 '넘어섬'의 뜻. 당시 우상화된 로마의 켈수스를 비판하고 자연 관찰과 실험을 중시함.)인데, 연금술과 의학을 동시에 추구했어요. 그는 '현자의 돌'을 믿어 의심치 않았고 이를 불로장생의 묘약이라고 생각했습니다. 파라 켈수스는 연금술사의 삼위일체를 표현했는데, 불과 황은 '영혼'이고, 물과 수은은 '정신'이고, 흙과 소금은 '육체'예요. 즉 다시 말해 그는 3대 원소설을 내세웠죠.

놀랍게도 근대 과학을 개척한 과학자들은 하나같이 연금술에 빠져있었고, 특히 아이작 뉴턴(1642~1727, 영국)은 열정적으로 '현자의 돌'을 연구했지요. 기록에 따르면 뉴턴은 1668년경 20대 나이부터 1720년경 70대에 이르기까지 연금술과 화학 실험에 집중하고 또 집중했습니다. 뉴턴이 남긴 기록물을 직접 읽은 유명 경제학자 케인스(1852~1949, 영국)의 표현대로 "뉴턴은 아마도 최후의 마술사"였을지도 모를 일이에요.

1692년에 뉴턴이 친구 존 로크(1632·1704, 영국, 최초의 계몽 철학자/근대 자유주의 시조)에게 보낸 편지에 다음 같은 내용이 있어요. "존 로크님, 저는 보일 씨가 빨간 흙과 수은의 제조법을 저뿐만 아니라 당신에게도 알려주고, 세상을 뜨기 전 친구분께 그 흙을 조금 나누어주셨다는 사실을 알고 있습니다." 하하하, 여기서 말하는 '빨간 흙'이 바로 '현자의 돌'인 거예요.

그 당시 대부분 그런 것처럼 과학자 아이작 뉴턴(1642~1727, 영국)이 추구한 것은 결국 '신'을 아는 것입니다. 정확히는 '신의 뜻'을 아는 것입니다. 이 점은 알베르트 아인슈타인(1897~1955, 독일/미국)도 그랬습니다. 그는 "내가 알고 싶은 것은 오직 '신의 뜻'이며, 나머지는 부록에 불과하다."라는 말을 남겼는데요. 모르기는 해도 이런 열망은 코페르니쿠스, 케플러, 갈릴레이, 로버트 보일, 존 돌턴, 멘델레예프, 라부아지에, 마이클 패러데이, 찰스 다윈, 제임스 클러크 맥스웰 등등 많은 과학자의 정신적 배경이 된 오래된 지도처럼 대동소이할 것이라고 여겨집니다.

'보일의 법칙'으로 유명한 로버트 보일(1627~1691, 영국, '보일의 법칙' 발견)은 동시대의 뉴턴과 마찬가지로 역시 '현자의 돌'을 열심히 추구했던 연금술사이기도 했는데, 생뚱맞게도 1661년에 『의심 많은 화학자』를 출간하고 새로운 원소의 정의를 주장합니다. 그는 아리스토텔레스의 4대 원소설과 파라 켈수스의 3대 원자설을 반대하고 비판해요. 보일은 독실한 프로테스탄트 기독교인으로서 1690년에 『그리스도교의 거장』이란 책을 저술합니다. 여기서 그는 자연에 대한 연구가 주요한 종교적 의무임을 보이기 위해 이 책을 썼다고 밝혀요.

19세기의 화학자 유스투스 폰 리비히(1803~1873, 독일)가 연금술과 '현자의 돌'에 대해 의미심장한 한마디를 남깁니다. "현자의 돌에 대한 수수께끼가 없었다면 화학은 지금의 모습을 갖추지 못했을 것이다. 왜냐하면 '현자의 돌'이 존재하지 않는다는 사실을 알아내기 위해 지구상의 온갖 물질을 조사해야 했기 때문이다."

놀라지 마십시오. 현대의 과학기술—원자핵 반응 등—을 이용하면 진짜로 연금술이 가능합니다. 어떤 원소를 다른 원소로 변환하거나 완전히 새로운 원소를 만들 수 있어요. 그래요, 이게 바로 연금술이죠. 가령 수은으로 금을 만들 수 있어요. 대형 원자로에서 수은을 1년간 계속해서 광선이나 방사선으로 조사(照射)하면 약간의 금을 얻을 수 있어요. 수은이 금으로 바뀌는 거죠. 후후후, 경제성이 없어서 못 할 뿐입니다. 이와 반대로 현대의 과학기술로는 금을 수은으로 바꿀 수도 있어요. 정말로 바보 같은 짓이지만 말이에요.

혹시나 '템플턴상'을 아시나요? 존 템플턴(1912~2008, 영국, 사업가)이 노벨상에 종교 부문이 없음을 안타깝게 여겨 만든 상인데, 그래서 이것을 '종교계의 노벨상'이라고도 해요. 1972년에 템플턴 재단을 설립하여 제정되었죠. 수상식은 항상 영국의 버킹엄 궁전에서 이루어지며 첫 1회 수상은 마더 테레사 수녀(1910~1997, 마케도니아/인도)가 받았어요. 야생 침팬지 전문가인 여성 과학자 제인 구달(1934~ , 영국,

야생 침팬지를 의인화하여 그에게 사람 이름을 하나하나 붙여줌)과 기독교 교회 목사인 한경직(1902~2000, 대한민국) 등이 '템플턴상'을 수상한 적이 있어요. 물론 여기 수상자에는 노벨 물리학상을 받은 인사도 들어있고말고요(프랭크 앤서니 윌첵, 1951~ , 미국, 2004년 노벨 물리학상 수상/2022년 템플턴상 수상). 참고로 템플턴 수상은 상금 140만 달러 정도가 지급되는데, 노벨상 수상 금액은 현재 약 100만 달러 정도입니다.

템플턴 재단에서는 종교와 현대 과학의 관계를 다루는 연구소 이름을 '패러데이 과학 종교 연구소'라고 지었어요. 이것은 지금 영국의 케임브리지대학교 산하 연구소로 활동 중입니다. 마이클 패러데이(1791~1867, 영국)는 '전자기 유도'의 발견으로 유명하며, 맥스웰과 함께 '전자기학'의 아버지로 불리는 인물로서 둘 모두는 아인슈타인이 가장 존경하는 과학자로 유명합니다. 패러데이는 종교와 과학이 서로 모순되지 않으며, 자연현상과 자연과학 연구를 신의 섭리에 대한 계시로 확신했던 아주 독실한 크리스트교 교인이었어요. 아니나 다를까요, 우리 추측과 일치해요. 새삼 우리가 그것을 또 물어볼 필요가 있을까요.

<과학 스케치 42>
빛의 이중성, 물질의 이중성

오랜 옛날부터 사람들은 빛의 정체가 무엇인지 탐구했어요. 근대에 이르러 르네 데카르트(1596~1650, 프랑스)는 빛을 파동이라 하고, 그 외 몇몇 유명 과학자 역시 '빛의 파동설'을 주장했으나, 뉴턴은 독자적으로 빛의 입자설을 주장했어요. 아이작 뉴턴(1642~1727, 영국)은 빛의 프리즘 실험을 통해 빛에서 무지개색('스펙트럼'이라 함/그러나 스펙트럼 경계선 밖에도 빛이 있음-1800년에 적외선, 자외선 발견)이 나오는 걸 관찰하고 그 색이 빛의 성질이라는 것을 밝혀냅니다. 빛이 입자라는 거죠. 뉴턴 자신의 명성과 『자연 철학의 수학적 원리』(1687년)와 『광학』(1704년) 책의 위력 덕분에 뉴턴의 학문적 권위가 존엄하게 빛났기에 100년 가까운 세월 동안 '빛은 입자'라는 쪽으로 빛의 정체성이 거의 통일되어 있었어요.

그런데 1801년에 의사이자 물리학자인 토머스 영(1723~1829, 영국)

이 이중 슬릿 실험을 통해 '빛의 간섭무늬'를 얻고 이것은 빛이 파동이라는 증거라고 주장합니다. 제임스 클러크 맥스웰(1831~1879, 영국)은 1864년에 '전자기장에 관한 역학 이론'을 발표하는데, 그는 여기서 빛이 전기와 자기에 의한 파동, 즉 전자파라는 것을 증명합니다.

19세기에 들어 과학자들은 빛이 파동이라고 하는 생각에 차차 집중하게 되었고, 모두가 동의하여 빛도 전자기파처럼 파동이라는 결론을 내릴 수 있었죠. 그런데 이렇게 되자 빛이 파동이 맞다면, 태양 빛이 지구까지 전달되는 매질이 필요한 거에요. 아리스토텔레스가 제시한 이래 르네 데카르트에 이르기까지 과학자들은 우주 공간에 '에테르'라는 물질이 가득하다고 가정했는데, 바로 이 '에테르'를 찾는 것이 새롭게 지상 과제로 떠오릅니다. 왜냐하면 빛이 파동이라면 이것을 전달하는 매질이 필요한데, 이것이 바로 '에테르'일 수밖에 없거든요. 그것은 마치 호수의 물결이 퍼져나가려면 매질인 '물'이 있어야 하고 소리가 전달되려면 '공기'가 필요한 이치와 같은 것이었죠.

당시의 과학자들은 에테르가 존재한다고 모두 믿었고, 실험을 통해 이를 확인하려고 나섰어요. 1887년에 앨버트 마이컬슨(1852~1931, 미국)과 에드워드 몰리(1838~1923, 미국)는 실험을 통해 지구가 에테르 속을 움직인다면 빛의 속력이 곳에 따라 다르게 측정될 것이라고 가정했어요. 그러나 실험 결과, 기대와는 달리 빛의 속력은 항상 일정하게 관측되었어요. '마이컬슨-몰리' 실험은 참혹하게 실패했으며, 이것은 실험 당사자뿐 아니라 당시 모든 과학자를 당황하도록 만들었어요. 왜냐하면 그때 과학자들은 너나없이 빛이 파동이라고 생각했고, 또 에테르의 존재도 확신하고 있었기 때문에 실패한 실험 결과의 충격이 상당했거든요.

그러나 이때 딱 한 사람, 아인슈타인은 '마이컬슨-몰리' 실험(1907년 노벨 물리학상 수상-실패해서 받은 유일한 노벨상임) 결과를 전혀 다른 시선으로 받아들였어요. 그는 생각했어요. '에테르를 못 찾은 게 아니라 에테르라는 게 원래 없는 것'이라고 말이죠. 요즘 말로 하면 그것은 '발상의 대전환'이자 '반전의 최고 매력'이지요. 아인슈타인은 앞서 맥스웰(맥스웰 방정식)에게서 '광속 불변'을 전달받고, 다시 '마이컬슨-몰리'로부터 '광속 불변의 원리'를 실측 선물로 받은 셈입니다. 마침내 아인슈타인은 우주의 상수 '광속'을 절대성 기준으로 하는 '특수상대성이론'을 1905년에 발표하게 됩니다. '특수상대성이론'에 따르면 광속은 어디에서나 일정하고 따라서 빛을 전달하는 에테르와 같은 물질을 가정할 필요가 없다는 것이 밝혀졌습니다. 2000년 이상 이어져 오던 우주의 물질 '에테르'의 존재 여부를 아인슈타인이 깔끔하게 정리했어요. "에테르는 없다." - 이렇게 말이죠.

다른 한편 1905년에 아인슈타인은 '광전효과'에 대한 논문을 발표하기도 합니다. '광전효과'는 금속에 빛을 쪼이면 금속 표면에서 전자(광전자)가 튀어나오는 현상인데, 빛이 입자가 아닌 파동이라면 '광전효과'의 원인을 설명하기가 참 곤란하고 어려웠어요. 이때 아인슈타인은 통념을 깨고 '빛의 입자설'을 가지고 이것을 설명했습니다. 그는 빛을 '광양자'라고 하는 입자의 흐름이라고 보았죠. 이 이론에 따르면 빛은 진동수에 비례하는 입자를 가진 입자 즉 '광양자'로 구성되어 있는데, 기준 진동수에 해당하면 빛이 튀어나오고 즉 전자가 방출되고 그렇지 않으면 전자가 방출되지 않는다고 설명합니다. 왜냐하면 광양자의 에너지는 빛의 진동수에 비례하니까 그런 거예요.

아인슈타인의 '광양자'설은 당시 파동으로 알려진 빛이 입자의 성질을 지니고 있음을 입증한 것이었어요. 그런데 사실 빛은 관찰자가 보기를 원하는 대로(입자냐 파동이냐) 보여줍니다. 놀랍게도 이것은 양자역학이 탄생할 바탕이 되는 생각이에요. 1924년에 루이 드 브로이(1892~1987, 프랑스)는 아인슈타인의 광전효과 연구를 역으로 생각하여 '입자도 파동의 성질을 지닐 수 있지 않을까' 하는 가정을 세웠는데요. 그해 박사 학위 청구 논문인 「양자론의 연구」에서 드 브로이는 '물질파' 이론을 제시했어요. 그는 입자인 전자가 파동의 성질을 가지고 있다고 생각했지요. 파동의 성질을 지닌 전자를 '물질파'라고 부르는데, 이 이론의 성공 덕분에 빛의 이중성뿐만 아니라 물질의 이중성까지 인정받기 시작했죠. '물질파 이론'은 물리학자인 자신의 형의 견해 즉 'X선은 물질이면서 파동이 아닐까'하는 생각에서 발상의 실마리를 잡았다고도 해요. 드 브로이의 물질파 이론(입자-파동 이중성)은 양자역학 발전의 소중한 자산이 되었고, 빛뿐만 아니라 전자와 같은 물질도 파동성과 입자성을 동시에 지니고 있다는 것이 실험을 통해 확인되었지요(1927년에 데이비슨-1881~1958, 미국-과 거머-1896~1971, 미국-이 전자에 이중 슬릿 회절과 간섭 관찰을 실험으로 증명함).

양자역학의 견해에 따르면 '입자'와 '파동'이라는 개념은 자연의 명확한 실체가 아니라 설명을 위한 모형일 뿐임을 강조합니다. 광자, 전자, 원자들까지도 파동성과 입자성을 동시에 갖고, 구체적으로는 이러한 입자 파동 이중성이 관찰 조건에 따라 달리 나타날 뿐임을 알려줍니다.

〈과학 스케치 43〉
과학자는 왜 '학자'라고 하지 않고 꼭 '과학자'라고 할까

역사적으로 볼 때 과학은 분야마다 처음에는 서로 무관하게 발달해왔어요. 특정한 분야에서 창조적인 활동을 하던 업적들이 수학적 원리와 실험적 방법 또는 정밀 관측을 통해 하나로 이어지기 시작합니다. 꼬리에 꼬리를 무는 과학의 협동 작업이 지속적으로 일어나게 되지요. 그런 까닭에 과학자는 학자가 아니라 '과학자'로 불리는 게 맞습니다. 과학자는 분야별로 정밀 지식을 연구하고 실험하고 확증하는 사람들이죠. 그들의 작업 결과물은 저절로 협업 체계 속에 존재하게 됩니다. 앙리 무아상(1852~1907, 프랑스, 1906년 노벨 화학상 수상)은 탄소의 결정화 문제에 매달려 '고온 화학'을 새롭게 창시하는데, 그는 사실 1890년부터 인공 다이아몬드 제조에 본격적으로 뛰어들었지요. 그로부터 50년 후 1955년에 미국 제너럴 일렉

하인리히 헤르츠(1857~1894)

트릭사에서 인조 다이아몬드가 만들어져 산업적으로 이용되고 있습니다(지금은 세계적으로 한 해 약 200억 캐럿 이상의 합성 다이아몬드가 제조 유통됨).

다른 것으로 '라디오 산업'을 예로 들어볼까요. 1889년에 하인리히 헤르츠(1857~1894, 독일)는 인공적으로 전기적 스파크를 발생시켰고 그렇게 만들어진 전자기파를 멀리 떨어진 곳에서 검출하는 실험에 성공했어요. 전자기파의 존재를 직접 확인한 거죠. 헤르츠는 전자기학의 창시자 제임스 클러크 맥스웰(1831~1879, 영국)이 '전자기파의 공기 중 전달'을 예언한 것을 과학적으로 실증했지요. 어찌 보면 헤르츠의 이 보잘것없는 사소한 실험으로 탄생한 전자기파의 실체가 지구촌에서 전 세계적인 라디오 산업을 이끌어내었어요. 우리가 즐겨듣는 라디오 방송국 주파수가 95.9라면 그것은 그 라디오파에 해당하는 전기장과 자기장이 1초에 9,590회의 비율로 바뀐다는 것을 의미해요. 전파 과학 지식이 이렇습니다. 라디오는 물론이고 적외선, 자외선, 마이크로파, 레이더, 텔레비전, X선 등은 단지 전자기파의 다른 꼴일 뿐이에요.

재미 삼아 베르너 하이젠베르크(1901~1976, 독일)가 1967년에 펴낸 『자연법칙과 물질의 구조』를 한번 펼쳐볼까요. 보면 글속이 깊어서 확률 수학, 양자물리학의 신비로운 자태가 눈에 선합니다.

"현대 물리학은 확실히 플라톤의 손을 들어주었다. 물질의 최소 단위는 통상적 의미의 물체가 아니다. 그 단위는 형상 또는 이데아이며 오직 수학의 언어로만 명확하게 표현된다."

아아 그래요, 오늘도 플라톤주의자들은 수학의 완전성과 실재성을 굳게 믿습니다.

<과학 스케치 44>
TOE(Theory of Everything) 초끈 이론

초끈 이론은 은하계의 운동에서부터 원자핵 내부의 역학까지 모든 물리현상을 단 하나의 법칙으로 다루고자 탄생한 이론입니다. 이것은 아인슈타인 필생의 꿈이기도 했던 '통일장이론'의 완성작으로 세상에 신고되었어요. 기본적으로 초끈 이론은 상대성이론과 양자론의 충돌을 설명하기 위해 만들어진 이론입니다.

그리스 시대 데모크리토스(서기전 460~370)가 물질의 가장 작은 단위로 '아토모스(atomos, 원자, 아톰)'를 상정한 이래로 우주 구성의 최소 단위가 아주 작은 입자라고 가정해왔는데요. 그러나 초끈 이론에서는 아주 작은 진동하는 끈(초끈)이 최소의 기본 단위라고 가정합니다.

초끈 이론은 양자론과 상대성이론을 모순 없이 통합하는 하나의 방법으로 제시되었죠. 중력이론과 양자역학을 하나로 묶는 힘이 바로 '초끈 이론'입니다.

20세기의 가장 위대한 과학적 성과로 꼽히는 것이, 하나는 '양자역학'이고 다른 하나는 〈일반상대성이론〉이에요. '양자역학'은 원자의 비밀을 해명해왔고 트랜지스터에서부터 레이저와 텔레비전과 전자현미경까지 모든 물체의 양자론적 작용을 설명할 수 있어요. 반면에 '상대성이론'은 별이나 은하계 같은 우주적 규모를 다루는 것으로, 중력에 관한 아인슈타인의 획기적 이론입니다. 이 두 위대한 이론은 통합되지 못하고 나란히 제각각의 영역에서 작동할 뿐이죠. 아인슈타인은 스스로가 양자론에 대한 반대가 극심하여 다음과 같은 넋두리를 남기기도 했어요. "나는 악마 같은 양자와 마주 대하기 싫어 상대성이론의 모래 속에 영원히 머리를 파묻고 있는 타조와 같다." 물론 그랬죠. 아인슈타인은 생애 말년 30년을 온통 바쳐 단 하나의 유일한 보편적인 물리법칙 '통일장이론'을 만들려고 절치부심했으나 실패하고 말았어요. 초끈 이론은 가장 현대화된 통일장이론이라고 평할 수 있습니다. 이것은 지금도 계속 진행 발전 중입니다.

돌이켜보면 뉴턴의 중력 법칙은 하늘과 땅의 물리법칙을 하나로 묶은 최초의 '통일 이론'이라고 할 수 있어요. 지구를 한 바퀴 도는, 그러나 빠른 속도와 궤도 때문에 낙하하지 않는 돌멩이처럼 하늘의 달도 지구로 계속 낙하하고 있는 위성이라는 것이, 뉴턴의 중

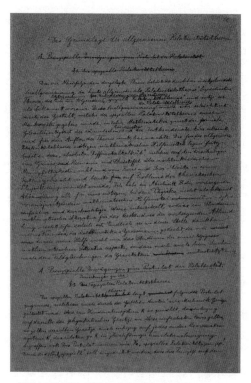

아인슈타인의 '<일반상대성이론>에 대한 논문' 원고

력 법칙 발견의 최초 아이디어였지요. 그는 자신의 위대한 저서
『자연 철학의 수학적 원리』에서 이런 생각을 그림으로 스케치해서
나타내었어요. 그러나 뉴턴의 중력이론은 아인슈타인에 의해 부정
되는데, 그곳에서는 우주의 절대속도이며 기준점이 되는 '빛'에 대
해 아무 관련성이나 언급 자체가 없어서 그래요. 1915년에 발표한

아인슈타인의 새 중력이론인 〈일반상대성이론〉은 시공간의 왜곡과 물질-에너지 개념을 연결해서 설명한 것입니다.

과학의 두 번째 '통일 이론'은 제임스 클러크 맥스웰(1831~1879, 영국)의 '전기와 자기의 통합'이라고 할 수 있어요. 맥스웰은 자신의 방정식을 통해 빛의 본디 성질이 전자기파라는 것을 발견했죠. 어떤 의미에서 그는 우주의 '통일장이론'을 진정으로 발견한 최초의 과학자라고 할 수 있습니다. 유명한 '맥스웰 방정식'은 빛은 전자기파의 하나이며 단지 전기장이 자기장으로 바뀌는 과정의 연속일 뿐이며 그 파동의 속도가 바로 빛의 속도이며 빛의 속도는 에테르와 무관하게 항상 일정하다는 '광속 불변의 법칙'을 증명했지요. 빛은 1초에 지구 둘레를 7번 반 정도 돌 수 있어요(초속 29만 9792.458km). 또 하나 '맥스웰 방정식'에서 중요한 것은 시간과 공간을 기술하는 방법이 뉴턴역학과는 많이 다르다는 점입니다. 전자기파를 다루면서 맥스웰 방정식은 시간과 공간의 왜곡을 슬쩍 예언하고 있었어요. 이것을 정확하게 알아차린 인물이 바로 1905년의 아인슈타인이었죠. '특수상대성이론'의 탄생이 그것입니다. 여기서 그는 시간과 공간을 통일하여 이를 '시공간'이라는 하나의 실체로 묶었으며, 물질과 에너지의 개념도 하나로 통일합니다. 훗날에 아인슈타인은 고백합니다. "'특수상대성이론'의 기원은 맥스웰의 전자기장 방정식이었다."라고요.

‹과학 스케치 45›
입자가속기(particle accelerator)

1910년대에 입자물리학자들의 연구와 실험이 본격화되고, 1920년대에는 우주선(cosmic rays: 우주로부터 지구로 쏟아지는 높은 에너지의 방사선)을 조사함으로써 소립자 연구를 이어갔어요. 우주선 실험은 풍선을 띄워 사진 건판에 용케 남은 우주선을 탐색하는 부지세월 기약 없는 연구였는데요. 무질서하게 날아오는 우주선의 유적을 대책 없이 조사함은 예측 불가능의 보물찾기 놀이와 다름없었죠.

물체는 전기적으로 중성인데, 물질을 이루는 원자가 같은 수의 양성자와 전자를 가지고 있고 양성자와 전자의 전하는 서로 크기가 같고 부호는 반대이기 때문이지요. 그러나 물체끼리 접촉하거나 마찰하면 전자와 양성자의 수가 달라지기도 해서 나른 원자를 가진 물질이 생겨나기도 합니다. 입자가속기는 전자나 양성자와 같이 전기를 띤 입자를 강력한 전기장이나 자기장 속에서 가속하여 큰 운동에너지를 발생시키는 장치이지요.

그래서 1930년대는 전혀 새로운 방식의 소립자 연구가 이루어 지는데, 1932년에 어니스트 로런스(1901~1958, 미국)가 세계 최초로 입자가속기 '사이클로트론'을 발명합니다(그 공로로 1939년에 노벨 물리학상 수상). 원자 연구의 고속도로가 열린 셈이었어요. 입자가속기를 이용한 입자의 극한 충돌을 통해 과학자들은 원자핵 속을 들여다보고 원자의 성질을 규명하려 하는데, 그래서 입자가속기를 다른 말로는 '입자 파괴기'라고도 할 수 있어요. 1953년에 반양성자를 찾기 위해 양성자 가속기가 미국에 건설되는데, 하나는 코스모트론(23억 전자볼트)이고 다른 하나는 베바트론(62억 전자볼트)입니다. 1955년에 세그레(1905~1989, 미국)와 체임벌린(1920~2006, 미국)이 베바트론에서 '반양

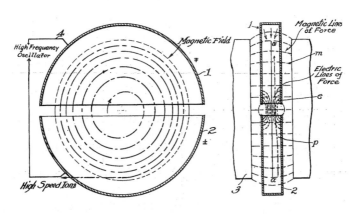

어니스트 로런스(1901~1958)의 특허에 제시된 사이클로트론의 작동 개요

성자'를 발견합니다(그 공로로 1959년에 노벨 물리학상 수상).

한 물질의 원자와 다른 물질의 원자가 강하게 충돌하면 서로 밀어내는 전자기력 때문에 서로 튕겨 나오게 돼요. 그러나 입자가속기 등을 통해 상상 못 할 정도의 어마어마한 힘(최고 400조 전자볼트)으로 원자를 쏜다면, 두 원자의 중심에 있는 원자핵이 순간 아주 가까워지면서 원자핵이 서로 들러붙은 현상이 일어나지요. 현대 물리학은 이런 방식을 이용해 인공적으로 무거운 원자핵을 만들 수 있어요. 가령 1992년에 생성된 인공 원소 109번인 마이트너륨(Mt)은 109개의 양성자와 169개의 중성자가 한 덩어리로 들러붙도록해서 만든 물질입니다(리제 마이트너, 1878~1968, 독일, 별칭 '원자폭탄의 어머니': 이 이름을 본뜬 것이 '마이트너륨') 일본에서 만든 인공 원소가 있는데, 이름은 니호늄(Nh)으로 원자번호 113번이며 2016년에 국제적으로 공인되었어요(일본—니혼: 이 이름을 본뜬 것이 '니호늄').

<과학 스케치 46>
베들레헴의 별과 케플러의 행성 법칙

천체 역학의 창시자 요하네스 케플러(1571~1630, 독일)는 행성들이 태양 주위를 타원궤도로 돈다는 행성 운동의 법칙을 제시했어요. 이것이 천체 역학의 탄생입니다. 자연의 근본 원리로 여겨지는 그것들은 아이작 뉴턴(1642~1727, 영국)에 의해 한층 정밀하게 다듬어져 완성됩니다. 그러나 따지고 보면 태양계가 만들어질 때의 우주적 우연이 지금의 행성 위치와 운동성을 결정한 중요한 요소이지 달리 별스러운 건 없어요. 지구와 태양이 서로 1억 5천만 킬로미터 떨어진 거리에 있고, 지구를 비롯한 행성들이 태양을 중심으로 도는 것이 처음 그때로부터 운명처럼 주어졌을 뿐, 유럽 학자들이 하냥 지동설이니 천동설이 하며 죽기 살기로 다투어 왔을 따름이죠.

신앙심이 깊은 수학자이자 점성술사인 케플러는 성경에 기록된 '베들레헴의 별'의 정체를 자신의 지식으로 꼭 밝혀보고 싶어 했습니다. 자신의 수학과 천문학 지식을 총동원했죠. 케플러는 어느 날 서기전 7년경에 목성과 토성이 합해져 매우 밝게 빛났다는 기록을 찾아냈어요. 또 그는 생전에 매우 밝게 빛나는 초신성을 직접 관측한 일이 있었고, 긴 꼬리가 눈부신 혜성을 특별히 '베들레헴의 별'의 목록에 넣기도 했지요. 현대에 이르러서도 케플러의 뒤를 이어 성경에 나오는 '베들레헴의 별'을 연구하는 천문학자들이 여전히 많다고 하네요.

돌아보면 중세 기독교 시대에는 인간사나 자연사의 모든 일이 신의 섭리에 따른 것이어서 스스로가 자체적인 법칙을 가질 수가 없었어요. 그러할 제 케플러와 갈릴레이(1564~1642, 이탈리아)가 등장하여 우주 자연법칙을 나름대로 정확하게 기술할 수 있게 되자, 여기에 힘입어 르네 데카르트(1596~1650, 프랑스, 중세 스콜라 철학과 가톨릭교회가 내건 아리스토텔레스 최고주의에 적극적으로 반대하고 최초로 반대함/근대 철학의 아버지)는 자연 세계를 분석하여 '물질'과 '정신'의 이원론을 주장하게 됩니다. 그에 따르면 '신'만이 완전한 실체이나 '자연'은 '정신'과 '물질'이라는 서로 완전히 분리 독립된 '제2의 실체'였어요. 그는 자연에 능통해지는 것을 자기 철학의 목표로 삼았어요. 그는 '정신'은 사유를 본질로 하고 '물질'은 연장(extension)을 본질로 하는 것으로 철저히 이원화하였죠. 까닭에 데카르트는 아주 냉혹한 기계론자였습니다. 그는 자연을 잘 아는 것(인간의 이성과 자유의지 강조)으로 신의 구원에 가까이 갈 수 있다고 믿은, 새로운 종교관을 가진 근대 철학의 아버지였어요.

처음 16세기에 천문학에서 시작된 르네상스 과학이 17세기를 거치며 아이작 뉴턴에 귀착됩니다. 뉴턴은 천문학 혁명을 완성하였고 새로운 역학 시대를 열었어요. 그는 사변적이고 정성적이던 이전 과학을 정량적이고 실험적인 과학으로 완전히 바꾸었죠. 뉴턴 과학으로 천체들의 운동과 자연현상을 동일하게 수리 역학적으로 기술할 수 있게 되자, 시나브로 유럽 사회는 인간 이성의 찬양과 과학기술 문명의 환상으로 들끓어 오릅니다. 신은 세상을 창조하고 자연법칙을 만들었지만 더는 자연현상에 개입하지 않으며, 자연현상은 스스로 합리적인 법칙에 따라 일어난다고 하는 '이신론' 사상이 유럽 무대 한가운데서 소쿠라집니다. 그래요, 뉴턴은 모든 근대인의 과학자 영웅이었습니다. 모든 게 그로부터 말미암으니, 그가 유럽 근대 사상의 탄생 배경입니다. 알파이자 오메가, 처음이자 끝입니다. 과학과 신앙, 이성과 영혼, 자유의지와 결정론, 자연 종교와 계시 종교, 인간과 자연, 우주와 원자, 신과 인간, 도덕과 종교, 무신론과 유신론, 종교와 철학, 신과 인간… 근대 이후 모든 것은 이곳 뉴턴의 용광로에서 녹여지고 빚어지고 사라지고 재생되며 갖은 꼴을 바꾸어가며 지금에 이르렀어요.

⟨과학 스케치 47⟩
최초의 핵실험 '트리니티'와
비키니 수영복

1945년 7월 16일 새벽에 미국 뉴멕시코주의 사막에서 세계 최초로 핵폭탄 실험이 이루어졌어요. 이름하여 트리니티(Trinity) 실험. 그 위력은 TNT 18.6 킬로톤에 해당했는데 이는 예측치를 서너 배 정도 훌쩍 뛰어넘는 엄청난 것이었죠. 트리니티는 '성부 성자 성령이 하나'라는 삼위일체를 가리키는 기독교 용어이기도 합니다(맨해튼 프로젝트: 1942~1947, 미국의 원자폭탄 비밀 연구 계획/약 20억 달러 예산으로 과학자 기술자 약 13만 명 투입/현대적 과학기술 연구 체계의 확립에 크게 이바지/이후 아폴로 달 탐사 계획, 인간 게놈 프로젝트, 대형 입자가속기 LHC 같은 거대과학 프로젝트에 반면교사 역할을 함).

아인슈타인의 '특수상대성이론'에 따르면 물질은 그에 상응하는 에너지를 가지는데, 작은 질량이라도 그것이 빛의 속도에 가까워지면 에너지가 무한대로 커져요. 원자폭탄이 터지자 특유의 버섯구름이 생기고 열과 폭풍을 동반했으며 방사능 오염까지 일으켰죠.

실험의 결과를 지켜본 과학자들은 많이 당혹했고 군부에서 맥아더(1880~1964) 장군과 아이젠하워(1890~1969) 장군도 핵무기 사용에 반대했어요. 그러나 원자폭탄은 이미 미국 정부의 무기가 되어있었죠. 이 실험에서 성공한 원자폭탄이 1945년 8월 15일에 세계 최초로 일본을 상대로 투하됩니다.

미국은 1946년 7월 1일에 태평양 마셜제도의 작은 섬 '비키니'에서 또 한 번 핵실험을 강행했어요. 실험은 성공했고 그로부터 4일 후인 7월 5일에 '비키니 수영복'이 등장하여 세상을 놀라게 합니다. 프랑스의 의상 디자이너 루이 레아르(1897~1984)가 선보인 이 옷은 모델들이 입기를 거부하여 대신 스트립 댄서가 입을 수밖에 없었다고 해요. 파격적인 옷차림에 세상은 충격에 휩싸였어요. 바티칸 교황청은 비키니를 죄악의 상징으로 몰았죠. 현실적으로 비키니 환초의 원주민들은 1946년에 강제로 섬을 떠나야 했고, 1958년까지 미국은 이곳에서 총 23회의 핵실험을 연이어 실시합니다.

소련은 카자흐스탄 초원에서 1949년 8월 29일에 미국에 이어 두 번째로 원자폭탄 실험에 성공합니다. 이에 자극을 받은 영국은 핵무기 개발에 박차를 가해 1952년에 호주의 외딴섬 몬테벨로에서 핵실험에 성공하게 돼요. 그런데 수영복 비키니를 개발한 프랑스는 많이 늦은 1960년 2월에 핵실험에 성공하지요. 하하하, 아마도

1946년 비키니섬 핵 실험

프랑스는 비키니 수영복 열풍에 풍덩 빠졌던가 봅니다.

원자폭탄 개발이 수소폭탄 개발로 이어지는 건 역사의 순리이자 과학의 법칙이겠죠. 수소폭탄 개발 역시 미국이 선두 주자입니다. 원자폭탄은 핵분열 반응을 이용해 만들고, 수소폭탄은 핵융합 반응을 이용해요. 그래서 원자폭탄을 만들지 않고는 수소폭탄을 만들 수 없고, 원자폭탄을 만들면 수소폭탄을 만드는 일이 그만큼 수월해져요. 즉 수소폭탄은 '핵분열-핵융합-핵분열' 과정을 거치는 것입니다.

파괴력을 볼 때 원자폭탄이 한 도시를 파괴한다면 수소폭탄은 한 나라를 파괴하는 위력을 가집니다. 비유하면 원자폭탄이 태양

표면의 온도를 만드는 것이라면 수소폭탄은 태양을 만드는 것이라고 할 수 있어요. 같은 질량의 수소폭탄은 원자폭탄의 40배 이상의 위력을 갖거든요. 미국의 첫 수소폭탄 실험은 1952년 11월 1일 마셜제도의 에니위탁 섬에서 이루어졌는데 높이 37km에 길이 161km에 달하는 버섯구름으로 나타났어요. 이것은 세계 최초로 히로시마에 투하된 원자폭탄의 700배에 해당하는 위력입니다. 미국에 이어 수소폭탄 2번째 생산국은 당연하게도 소련이겠지요. 소련은 1953년에 수소폭탄 실험에 성공합니다.

핵폭탄과 관련된 가장 놀라운 일은 1961년에 일어납니다. 소련이 수소폭탄 '차르 봄 바(황제 폭탄)'를 북극해의 섬 상공에서 실험하였는데, 폭탄 무게만도 27톤에 이르는 이것은 히로시마와 나가사키에 투하한 원자폭탄 3,300개를 한꺼번에 폭발시킨 것과 같은 위력을 보여주었으며 실제로 사용될 경우, 단 한 번에 4억 6천만 명의 사망자가 발생하게 될 것이라는 보고까지 나왔어요. 핵폭탄 특유의 버섯구름은 지상 67km까지 치솟았어요.

<**과학 스케치 48**>

더 불안하게 하라,
양자 세계의 불안정성이여

　양자물리학은 아원자 세계에서 기계론적 결정론 대신에 확률적인 비결정론을 도입했어요. 베르너 하이젠베르크(1901~1976, 독일)의 1927년 '불확정성원리'가 그 세계로 가는 길—양자역학—을 처음 설명하였는데, 1926년에 발견된 에르빈 슈뢰딩거(1887~1961, 오스트리아)의 방정식이 가장 자세한 안내인이 되었지요. 세상사 참으로 묘한 것이, 사실 슈뢰딩거는 평생을 두고 양자론의 확률적 함의를 부정하는 일에 자신의 열정과 재능을 쏟았거든요. 그런데도 그 유명한 '슈뢰딩거 방정식'은 아이러니하게도 양자물리학의 이해를 완성한 가장 중요한 공헌이었죠.

　양자는 제각기 발생 확률이 정해져 있는 가능한 경로들의 공간 (힐베르트 공간: 양자 입자가 활동하는 추상 공간/힐베르트, 1862~1943, 독일) 속에서 발생하는데, 이렇게 가능한 경로들이 많다는 사실에는 양자 세계의 완전한 불확정성이 반영되어 있습니다. 하이젠베르크는 슈뢰딩거의 파동 해를 '확률 파동'으로 이해하는 것에 동의했어요. 자연이 확률 게임에 사용하는 완전한 양자 기계(수학적 장치)임은 마침내 슈뢰딩거 방정식이 발견되면서 밝혀졌다고 할 수 있습니다.

방정식의 한쪽에 양자(입자)의 질량과 외력을 입력하면, 시간이 지나면서 입자가 따를 경로에 대한 확률적인 답을 방정식 반대쪽에서 뱉어내죠.

슈뢰딩거 덕분에 우리는 양자가 확률 파동이기도 하다는 사실을 알게 되었죠. 슈뢰딩거 방정식의 해는 양자(입자)가 다양한 경로를 따를 수 있다는 사실을 보여주었어요. 입자가 어떤 경로를 선택할지는 미리 알 수 없으며, 다만 각각의 경로마다 고유한 발생 확률을 가집니다.

닐스 보어(1885~1962, 덴마크)는 슈뢰딩거 방정식에서 도출된 양자 원시우주 집합에서 어떻게든 단 하나의 거대한 우주를 찾아내야 한다고 단언했어요. 그러지 않으면 물리학의 예측 가능성은 전부 사라질 것처럼 보였기 때문이죠. 보어는 그래서 가상의 '독립적인 심판'을 두자고 제안했지요. 양자(입자)가 어떤 경로를 따랐는지를 심판이 관측했다고 하면, 그 입자가 100% 진짜라고 확신할 수 있는 거거든요. 그러면 이제 그 밖의 해는 다 버리면 돼요. 이 같은

닐스 보어(1885~1962)

보어의 해결책을 '파동함수의 붕괴'라고 불러요. 그러나 엄밀하게 따지면 보어의 파동함수 붕괴는 결정론적인 고전물리학을 비결정론적인 양자 세계와 뒤섞은 셈이에요.

그래도 베르너 하이젠베르크는 스승 닐스 보어가 양자물리학에 끼친 공헌을 '양자역학의 코펜하겐 해석'이라고 멋지게 명명함으로써, 그의 업적이 잘 드러나도록 만들었습니다.

<과학 스케치 49>
암흑 물질과 암흑 에너지

온갖 생명체의 드넓은 시공간 - 이 지구 환경은 우연일까요, 필연일까요? 유럽의 중세 시대처럼 지구는 정말로 신이 인간에게 준 소중한 선물일까요? 인간은 신이 사랑으로 빚어 만든 가장 귀한 선물이 과연 맞을까요? 알 수 없어요. 정말로 사실은 누구도 잘 모릅니다.

관측 가능한 물질은 물리학 용어로 '중입자 물질' 또는 '중입자(바리온, Baryon)'라고 불러요. 세상은 바로 이 물질로 이루어져 있어요. 중입자 물질에는 모든 양성자와 중성자가 포함되며, 우리 몸과 모든 생명체, 별과 행성, 은하와 은하단, 우주먼지(cosmic dust)도 몽땅 들어가요. 요컨대 중입자 물질은 우리 주변에서 볼 수 있는 모든 물질이지요. 중입자 물질의 양을 모두 더해도 우주에 존재하는 총 에너지 밀도의 5%가 채 되지 않아요.

말랑말랑 과학 공부

그러나 암흑 물질(Dark Matter: 빛을 내지 않아 관측되지 않는 물질)은 우주에 존재하는 에너지의 약 20%를 차지하며, 놀랍게도 나머지 75%는 암흑 에너지가 차지하고 있어요. 암흑 에너지(Dark Energy)는 중력과 반대되는 힘으로 작용하며 우주의 팽창을 돕고 있어요.

참고로 말한다면 오늘날 제2의 지구를 만들기 위한 과학 프로젝트가 있는데, 다른 행성의 환경을 개조해서 인간이 살아갈 수 있는 환경으로 바꾸는 작업을 '테라포밍(terraforming, 지구화)'이라고 합니다. 솔직히 말하면 지구의 식민지 만들기 작업이죠. 대표적인 것으로는 지구촌에서 우주 강국들이 벌이는 화성 탐사 열풍이 그 연구의 일환이지요.

＜과학 스케치 50＞
성난 고양이 슈뢰딩거 고양이

에르빈 슈뢰딩거(1887~1961, 오스트리아)는 화가 났어요. 속이 부글부글 끓었죠. 닐스 보어(1885~1962, 덴마크)가 임의의 관찰자를 도입하여 그에게 세계의 실재를 판정할 신적 권위를 맡겨서 그래요. 그런데 선택된 그 관찰자는 모든 문제에 답이 하나밖에 없다는 결정론적 고전물리학의 일원일 수밖에요. 보어는 관측으로 찾아낸 하나의 파동함수만 제외하고 나머지 모든 파동함수는 실재가 아닌 걸로 보고 삭제했어요. 이것을 보어의 '파동함수의 붕괴'라고 하는데, 당시 물리학자들의 폭넓은 동의를 받았어요. 슈뢰딩거는 이것조차 못마땅했던 거죠. 당시 양자역학을 이론적으로 정리하는 데 성공했다고 평가받던 1927년에 발표한 하이젠베르크의 '불확정성원리'를 비판하고 허물어뜨리기 위해 그는 1935년에 마침내 대대적인 공격을 감행합니다. 지금도 인구에 회자되는, 대중문화에서 가

에르빈 슈뢰딩거(1887~1961)

장 유명한 사고실험인 '슈뢰딩거의 고양이'를 발표해요. 자신과 뜻을 같이하는 아인슈타인과 사전에 교감을 나누었음은 물론입니다. 아인슈타인 역시 '파동함수의 붕괴'니, 양자역학의 '코펜하겐 해석'이니 하는 닐스 보어의 양자론과 하이젠베르크의 '불확정성원리'가 진작부터 맘에 들지 않았던 거예요.

슈뢰딩거 고양이의 사고실험은 다음 내용입니다.

상자 속에는 망치와 독이 든 플라스크가 있고 소량의 방사성 물질이 붕괴를 기다리고 있다. 그 상자에 고양이 한 마리도 갇혀있다. 방사성 물질이 붕괴하면 망치가 작동해서 독이 든 플라스크를 깨뜨리고 결국 고양이가 죽게 된다. 한 시간이 지나 방사성 물질이 붕괴했으면 고양이는 죽었을 것이고, 붕괴하지 않았다면 여전히 살아있을 것이다.

 죽은 고양이와 산 고양이는 모두 고양이를 서술할 수 있는 가능한 상태, 즉 파동함수를 가리켜요. 각각의 상태가 진짜인 확률(관찰될 확률)은 50%인데, 따라서 관찰되기 전의 고양이는 두 상태가 중첩된 채로 존재해야만 해요. 보어의 해설에 따르면 관찰자는 중첩된 파동함수를 단 하나의 선택지로 붕괴시켜요. 즉 관찰만 되면 고양이는 더는 죽은 동시에 살아있는 존재가 아니라 갑자기 하나의 상태(죽었거나 살았거나)로 고정됩니다. 슈뢰딩거의 고양이 사고실험은 원래 양자물리학이 내세우는 불확정성원리가 얼마나 우스꽝스러운지를 꼬집기 위해 고안한 것이지만, 그 자체가 중첩이라는 양자 효과를 설명하는 방법으로 도리어 유명해졌습니다. 하하하 웃기죠. 인생 곳곳에서 발견하는 모순과 역설의 즐거움이라니...
 아인슈타인은 슈뢰딩거의 이 역설을 무척 좋아해서 상자 속에 독약 대신에 화약을 넣자고 제안하기도 했지요(산산조각이 난 고양이의 몸이 살아났다 죽었다 하는 중첩 상태를 반복할 수 없을 테니까). 슈뢰딩거와 아인슈타인은 고양이를 증거로 삼아 우주 원리는 단 하나이며 결정론적이라는 자신들의 확고한 신념을 지켜냈지요. 두 과학자는 부정확하고 위험한 확률론이나 모호한 수수께끼 같은 양자론을 극구 부정하고, 모두가 동의하는 단 하나의 아름다운 자연법칙 규칙성을 찾기 위해 평생을 바쳤습니다.

그런데 최신 양자론에 따르면 실제로 고양이처럼 큰 물체는 삶과 죽음이 중첩 상태가 되지 않아요. 우리의 상식이 맞는 것이죠. 그러나 전자와 같이 작은 입자는 양자론을 따르기 때문에 실제로 여러 상태가 겹쳐 있어요. 우리는 전자의 상태를 정확히 알 수 없어요. 오로지 확률로만 알 수 있죠. 양자 다중우주론에 따르면 우리가 상자를 여는 순간 세계는 둘로 갈라집니다. 가령 슈뢰딩거 고양이가 죽은 채로 발견된 세계가 있다면, 저쪽 세계에서는 고양이가 산 채로 발견됩니다. 그러나 진짜 그런지(저쪽 세계에서는 고양이가 살아있음)는 확인할 수 없어요. 왜냐하면 우리 세계와는 이미 다른 세계로 저쪽 세계가 갈라섰기 때문입니다. 그래요. 다른 우주에 내가 존재하고 있다 하더라도 직접 접촉하거나 검증할 방법은 없어요. 우리는 진작부터 다른 우주, 다른 세계로 갈라져서 존재했으니까요. SF 작가 아서 C 클라크(1917~ , 영국)의 말대로 "충분히 발달한 과학기술은 마법과 구별할 수 없는" 게 틀림없는 듯합니다.

⟨과학 스케치 51⟩
평범성의 원리 또는
코페르니쿠스 원리

평범성의 원리는 우주론에서 도입된 원리로서, 인간은 우주의 특별한 존재나 관측자가 아닐뿐더러 지구도 태양도 은하조차도 우주의 중심이 아니며 특별하게 볼 수 있는 관측 장소는 존재하지 않는다고 보는, 말하자면 우주 자연에서 인간중심주의를 제거하는 사조입니다. 우주론자이며 수학자인 헤르만 본디(1919~ , 오스트리아/영국)가 1952년 자신의 저술 『우주론』에서 '코페르니쿠스 원리'라고 명명했어요. 니콜라우스 코페르니쿠스(1473~1543, 폴란드)가 천체 연구를 통해 지구중심설에서 태양중심설로 무게 중심을 옮겼을 때도 그 자신과 동시대 사람들은 그것이 지구의 가치를 떨어뜨리고 인간의 품격을 격하하는 것이라고 생각하지는 않았어요. 공연히 시대의 지배자 가톨릭교회 측만 호들갑스레 난리를 쳤을 따름이에

말랑말랑 과학 공부

니콜라우스 코페르니쿠스(1473~1543)

요. 헤르만 본디가 20세기 중반에 용감하게도 '코페르니쿠스의 원리'라는 이름을 지을 수 있음도 그런 까닭이었어요.

그런데 이와 반대되는 것으로 '인류 원리'(1973년에 물리학자 브랜던 카터가 명명 제안)라는 게 있어요. 코페르니쿠스 탄생 500주년을 맞아 1973년에 발표된 내용이에요. 이것은 지구와 우주는 인간을 유독 별나게 생각했고 (신이) 인간을 우주의 가장 특별한 존재로 여긴다는 것인데, '인간 중심 원리'라는 별칭이 그 속마음을 잘 전합니다. 이것은 한마디로 인간의 주체성을 절대화하는 사고방식입니다. 르네 데카르트(1596~1650, 프랑스)는 자연과 우주의 작동 원리를 이해하는 방법으로 인간 이성의 힘을 강력히 옹호했는데, 그가 이 사유의 전제로 삼은 '코기토 에르고 숨-나는 생각한다, 고로 존재한다'가 인류 원리의 과학적 뿌리라고 할 수 있습니다. 데카르트의 '물질-정신' 이원론은 인간 중심 사상이자 서양 백인 중심 사상으로 흘러들어가 서구 근대 문명에 막강한 영향력을 발휘했지요.

인간은 우주 유일의 특별한 관찰자라는 전제는 암흑 에너지의 존재를 정확히 예측해내었던 스티븐 와인버그(1933~ ,미국, 1987년 노벨 물리학상 수상)에게까지 이어집니다. 그는 이 생각을 바탕에 두고서 암흑 에너지의 존재를 예측했거든요. 인간과 자연을 대립 관계로 보는 서구 특유의 사유 체계가 여기서도 빛을 발한 셈이라고 할 수 있어요. '인류 원칙'은 다시 1986년에 '강한 인류 원칙'과 '약한 인류 원칙'으로 나뉘어 그 정의와 의미를 명확히 하고 차이를 구체적으로 설명했으며, 이는 '인류 원칙'을 보편화하는 데 큰 공을 세웁니다. 이것은 마치 가톨릭과 프로테스탄트와 같이 그 둘이 상호 작용하여 기독교 종교의 완전성이 잘 보장되는 것처럼 보이기도 합니다마는. 차마 그런 생각을 쉬 지울 수가 없네요. '강한 인류 원칙'이 적용되지 않는 분야는 '약한 원류 원칙'이 적용되면 '인류 원칙'은 온전한 것이며, 스스로 완전해지며 그야말로 감쪽같거든요.

세월이 흘러 과학 지식이 발달하자 태양계가 난데없이 무한대로 확장되었어요. 아니 정확히 말하자면 우주는 그대로인데 인간이 변한 것이죠. '하늘 아래 태양은 하나' - 이것은 옛말이에요. 지금의 과학에 맞게 표현하자면 '우리 태양계 안에 태양은 하나다.' - 이렇게 표현해야 맞아요. 태양은 스스로 빛을 내는 항성으로 우리 태양계에는 하나뿐입니다. 지구를 비롯하여 나머지 행성 8개를 잡아당겨 자신의 주변을 빙빙 돌게 하지요. 태양은 질량 면에서도 태양계 그 자체라고 할 수 있어요. 태양은 우리 태양계 전체 질량의 99.9%를 차지하고 있어요.

그러나 우리 태양계 밖으로 나가면 이야기가 사뭇 달라져요. 우리 은하 안에만 해도 별이 수천억 개가 넘어요. 또 그런 은하가 수천억 개가 넘는 걸로 추정되고 있어요. 그러면 우리가 생각하는 지금의 이 태양은 우주 전체로 따지면 정말 하찮은 거예요. 바닷가 백사장의 모래알 하나만도 못해요. 지구는 더욱 말할 것도 없어요. 하나의 태양계마다 주재하는 신이 마치 태양처럼 하나씩 있다면 그 신의 존재가 오죽이나 보잘것없겠어요. 서구에서 종교가 근원적인 힘이 되어 과학을 추동했지만, 과학 지식의 엄청난 발전에 맞추어 종교적 관념 역시 획기적으로 달라져야 하지 않을까요. 현대 과학의 눈으로 본다면 지구는 태양보다도 너더욱 평범하기 짝이 없는 존재입니다. 비유하자면 지구는 한바다의 물방울 하나만도 못해요. 인간 존재는 더더욱 그렇겠지요.

'인류 원리'는 안 할 말로 인간의 시건방진 헛소리에 가까워요. 흥미롭지만 위험한 이론이 아닐 수 없어요. 부모님을 비롯해 나의 존재의 근원을 추적해 올라가 보면 나의 존재 확률이 0에 가까워요. 조상의 윗선을 타고 까마득히 올라가 보면 나의 존재 가능성은 거의 0이라고 할 수 있어요. 그런데 지금의 내가 버젓이 존재하고 있거든요. 이것을 두고 신이 나를 빚었다거나 신의 섭리가 그렇다고 설명하는 건 영 가당치 않습니다. 우주와 지구는 기적적일 정도로 정말로 우리에게 잘 맞추어져 있는 건 사실이거든요. 물 분자의 특별한 성질이 그렇고, 오존층의 존재가 그렇고, 태양 빛의 속도와 에너지가 그렇고 근데 그런 것이 마치 신이 인간을 돌봄과 같은 것이기는 해요. 하지만 곰곰 따져보면 '인류 원리'는 사실상 우리에게 아무런 문제도 해결해주지 않아요. 과학과 인문학의 주제넘은 만남일 뿐이죠. 확률이 아무리 0에 가까운 사건일지라도 시도를 무한으로 한다면 일어날 수밖에 없어요. 그렇지 않나요. '인류 원리'는 단지 그런 것일 뿐, 그 이상도 이하도 아니에요. 지금 나의 존재가 기적이고 우연일 순 있어도 이것으로써 종교에 정신을 빼앗기거나 과학 지식에 속절없이 매몰되어서는 안 돼요. 모름지기 인간은 자신의 정체성을, 생명의 존엄성을 깜냥껏 지켜나가야 마땅하지 않을까요.

<과학 스케치 52>
나비효과와 노벨상 수상 메달

    과학에서 카오스이론은 놀라움과 예측 불가능성을 다룹니다. 실제는 그 자체로 혼란스럽고 뒤죽박죽인 것이 아니에요. 현상의 뒤에는 논리적인 패턴과 인과관계가 분명히 존재하기 때문이죠. 초기 조건에 민감한 의존성을 보이는 이것은 동서양의 문명 시스템에 절대적인 영향을 미치는 중요 인자입니다. 흔히 '나비효과'라고 부르는 카오스이론은 초기 조건의 작은 변화가 큰 영향을 미치는 것을 가리키지요. 하나의 작은 사건이 연쇄적으로 영향을 미쳐 나중에 예상하지 못한 엄청난 결과를 일으킬 수 있다는 의미입니다. 서구의 과학 문명과 동양의 과학 문명이 전혀 이질적인 결을 가지는 것도 그것들이 초기 조건에 민감하게 의존하는 까닭이 아닐까 생각합니다. 유대-기독교 사상이 안겨준 서구의 완전성 신적 개념과 자연과 인간의 조화를 추구하는 동양의 신적 개념이 나름의 독특하고 고유한 과학 체계를 만들어왔겠죠. 그래서 지금 살펴보면 서구 과학의 자랑인 노벨상 역시 신의 완전성에 의존하는 초기 조건의 민감성을 대표하는 문화 현상이라 하지 않을 수가 없어요.

노벨상 수상 메달을 보면, 앞면은 알프레드 노벨(1833~1896, 스웨덴)의 초상이 있고 뒷면은 수상 부문에 따라 그림이 다릅니다. 1901년에 노벨상이 처음으로 시상됩니다. 물리학상과 화학상은 과학의 신(오른쪽)이 자연의 신(왼쪽)의 베일을 올려서 얼굴을 바라보고 있는 형상이에요. 생리학·의학상은 의학의 신(왼쪽)이 병에 걸린 소녀(오른쪽)에게 물을 떠 주고 있는 형상입니다. 문학상은 학예의 신이 연주하는 음악을 청년이 듣고 있어요. 평화상은 3명의 남자가 어깨동

알프레드 노벨의 얼굴이 새겨진 노벨상 메달의 앞면

무하고 있는 모습이에요. 경제학상은 1969년부터 새롭게 시작되었어요. 정식 명칭은 '알프레드 노벨 기념 스웨덴 국립은행 경제학상'입니다. 노벨상 상금은 지금 가치로 약 13억 원에 해당하지요.

참고로 말하면, 수학계의 노벨상이라고 하는 필즈상 수상 메달에는 아르키메데스(서기전 287~212, 그리스)의 초상이 그려져 있습니다. 이것은 수학자 존 찰스 필즈(1863~1932, 캐나다)가 만든 상으로 1936년에 첫 수상자를 배출했으며, 세계수학자대회에서 4년에 한 번씩 젊고 유능한 수학자에게 주는데, 2022년에 한국계 수학자 허준이(1983~ ,미국)가 수상의 영예를 차지해서 명성을 떨친 바가 있어요 (2024년 노벨문학상은 한국 작가 한강-1970~ -이 수상).

'노벨상'은 오늘날 지구촌 어디에서나 '서구 근대 문명의 최정점'으로 평가되고 있습니다.

⟨과학 스케치 53⟩
지구는 닫힌계(closed system)
- 순환의 법칙

    에너지는 닫힌계에서 순환합니다. 예를 들어 운동에너지가 열에너지로 그 형태가 바뀔 뿐 시스템의 에너지 총량은 변함이 없어요. 에너지 개념은 에밀리 뒤 샤틀레(1706~1749, 프랑스)가 처음 도입했으며, 에너지 보존의 원리[에너지는 결코 고갈되지 않음]도 제시했지요. 이것에는 고트프리트 빌헬름 라이프니츠(1646~1716, 독일)의 힘의 공식 mv^2이 배경지식으로 깔려 있었어요. 결코 완전히 사라지지 않는 양적 개념으로서의 mv^2 형식은, 형이상학으로서의 그 뜻이 신은 전지전능하며 세상은 스스로 움직인다는 거예요. 이에 반해 앞서서 아이작 뉴턴(1642~1727, 영국)은 운동하는 물체가 갖는 힘을 단순히 mv(질량·속도)로 정의를 내렸었죠. 그런데 뉴턴의 이러한 관점은 충돌 후 상쇄되는 에너지를 대신하여 신이 끊임없이 기운을 불어넣으며 돌보아서 우주가 움직인다고 보는 것이었어요.

앙투안 로랑 라부아지에(1743~1794, 프랑스, 근대 화학의 아버지)는 1772년에 '질량 보존 법칙'을 발표합니다. 그는 연소를 입증하기 위해 값비싼 다이아몬드를 태우기도 하는데 연소 후 숯이나 다이아몬드의 원소를 같은 것으로 보고 '탄소'라고 이름 짓기도 했지요. 연소후 둘 다 똑같이 기체 이산화탄소가 생성되니까요. 또한 그는 호흡실험을 통해 인간의 호흡이 연소와 동일한 것임을 밝혔어요(산소 흡입-이산화탄소 배출). '질량 보존 법칙'은 연소 전후 즉 화학 반응이 일어날 때 반응 전 물질의 전체 질량이 반응 후 물질의 전체 질량과 같다는 법칙이에요. 그렇죠. 질량은 변하지 않는 물체의 고유한 양으로 우주 어디에서나 변하지 않아요(무게는 장소에 따라 값이 달라지는데, 가령

앙투안 로랑 라부아지에의 『화학 원론』

달에서 물체의 무게를 재면 지구에서보다 적게 나오지만 질량은 같음).

연금술에 머물러 있던 화학이 18세기에 이르러 뒤늦게 과학의 반열에 오를 수 있었던 것은 제대로 된 과학 도구를 갖추기까지 시간이 꽤 걸렸던 탓이에요. 화학은 화학 반응을 통해 원소를 알아내야 했기 때문에 정교하고 다양한 실험 기구가 정말로 필요했어요. 마침내 산업혁명을 전후하여 기계 기술 도구가 쏟아지면서 화학도 발전의 길을 빠르게 걷기 시작했지요. 그래서 아리스토텔레스 (서기전 384~322, 그리스)의 4 원소설은 곧바로 비판받고 공격받게 되어요. '공기' 자체가 원소라는 아리스토텔레스의 진리설은 로버트 보일(1627~1691, 영국, 공기는 하나의 원소가 아니라 혼합물임을 최초 주장), 조지프 블랙(1728~1799, 영국, 공기의 성분 중 이산화탄소 발견), 헨리 캐번디시(1731~1810, 영국, 수소 발견/물의 분자식 알아냄), 조지프 프리스틀리(1733~1804, 영국, 산소 발견) 등에 의해 금이 가기 시작해요. 뉴턴이 물리학 체계에서 그랬듯이 라부아지에 역시 앞 시대 거인의 등에 올라타고서 근대 화학을 완성했어요. 18세기에 앙투안 로랑 라부아지에가 아리스토텔레스의 4 원소설을 완전히 무너뜨렸죠. 라부아지에는 상당한 부자여서 엄청난 최첨단의 실험 장비를 갖춘 실험실을 마련하고 자신이 좋아하는 화학 실험에 날마다 몰두하였죠. 부인 마리안 라부아지에 (1758~1836, 프랑스,근대 화학의 어머니)는 그녀 자신이 화학 연구를 좋아할 뿐만 아니라 그림이나 삽화에도 상당한 조예가 있어 책이나 논문에 실험 장면이나 도구들을 직접 그려 넣기도 했어요. 게다가 영어는 물론 라틴어, 독일어 등 외국어에 유창하여 라부아지에의 논문을 다른 언어로 번역하거나 유명 외국책들을 불어로 바꾸어 부부의 화학 연구에 엄청나게 큰 도움을 주었지요.

1779년에 라부아지에는 프리스틀리가 발견한 '탈 플로지스톤 공기'에 공식 명칭 '산소'라는 이름을 붙이고, 연소에 대하여 새롭게 정의를 내립니다. '연소는 물체가 산소와 화학 반응을 일으켜 빛과 열을 발생하는 과정'이라고 분명히 밝힙니다. 그는 자신의 논문「플로지스톤 같은 것은 존재하지 않는다」에서 '불은 원소가 아니고 플로지스톤(가상의 불의 요소)도 없다'라고 주장합니다. 라부아지에는 1783년 '프랑스 아카데미' 모임에서 물은 수소와 산소의 결합으로 생긴 것이라고 발표해요.

1789년에 근대 화학 체계를 완성하여 『화학 원론』을 출판합니다. 그는 이 책에서 현대판 원소를 정의하고 이것의 결합이 다른 물질을 만들며, 이 모든 것에는 질량 불변의 법칙이 작용한다고 설명합니다. 『화학 원론』- 이 책은 화학계의『자연 철학의 수학적 원리』였으며, 라부아지에는 단연코 화학계의 뉴턴이었죠. 그는 이 책에서 33가지 원소를 발견해 원소표를 만들어 제시했는네, 이것이 현대 주기율표 작성의 기반이 되었어요. 그러나 라부아지에는 무슨 영문인지 원소를 원자와 연결 짓지 않았어요. 그에게서 원자 이야기는 '나는 모르쇠' 오불관언이었습니다. 하기야 오늘날에 '원소'는 입자의 화학적 성질에 초점을 맞춘 것이고, '원자'는 입자의 질량과 크기를 중점으로 할 때의 이름으로 엄격하게 구별할 때뿐이죠.

지구는 궁극적으로 재활용 전문가입니다. 화학물질은 끊임없이 재활용되지요. 물의 순환이 대표적인데, 물과 수증기와 구름과 비는 비유해서 생물 지구의 화학적 순환이라고 할 수 있습니다. 인간의 몸도 자체적으로 생화학적 순환을 합니다. 지구가 그렇듯이 인체 역시 닫힌계가 맞아요. 가장 중요한 것 중 하나를 말한다면, 세포 내에서 에너지 저장 꾸러미 역할을 하는 ATP(아데노신3인산)의 순환입니다. 세포는 ATP를 사용해서 반응에 필요한 에너지의 균형을 맞추지요. 에너지 수행이 필요할 때 ATP는 물과 결합해서 ADP(아데노신2인산)를 생성하여 에너지를 방출해요. 쓰고 난 여분의 에너지는 ADP를 다시 ATP와 물로 바꾸는 데 사용되지요. 모든 게 결국은 순환입니다.

<과학 스케치 54>

3개 혁명, 세계혁명 – 근대 세계의 탄생
영국 혁명 1760년, 미국 혁명 1775년, 프랑스 혁명 1789년

　　흔히 말하는 산업혁명은 1760년에 시작된 영국 생활 혁명의 시작점을 가리킵니다. 사실 이것은 보통의 사람들이 생활 속에서 일으킨 자기 구원의 사상 혁명이며 생활 변혁 운동입니다. 18세기에 영국은 이미 선도적인 제조업 국가였어요. 수차를 만들고 그곳에서 일하는 사람들, 각종 공구를 만드는 대장장이들, 완제품을 싣고서 시골 구석구석에 운하로 통행하는 사람들, 물레방아로 갖은 기계를 돌리는 사람들, 토목 건설 기술자가 되어 도로 건설의 출발을 알린 사람들, 마침내는 시골 마을 맨체스터와 리버풀을 연결하여 400마일이나 되는 운하를 건설하여 영국 전역에 수로망을 완성한 사람들. 여기 산업혁명에서는 특히 영국의 실핏줄 운하들이 통신과 교통의 동맥으로 작동한 게 결정적이었어요.

1760년 영국의 산업혁명에는 도드라진 특징이 몇 가지 있었지요. 인근의 프랑스나 스위스 등과는 질적으로 달랐어요. 첫째, 영국의 새 생활 혁명은 가히 '산업혁명'이라 이를 만큼 대규모적이었고 게다가 전국적이었고 산업 전반적인 것을 아우르는 것이었죠. 당시 영국의 기술과 생산 제품은 도시는 물론이고 시골 구석구석에까지 이용되고 활용되었어요. 한마디로 진정한 생활 혁명이 일어난 것입니다. 이러할 때 가령 프랑스나 스위스 같은 곳은 과학이나 기술을 부자나 왕족들의 노리개나 사치품을 만드는 일에 재능과 열정을 낭비하는 격이 되고 말았죠.

둘째, 영국의 새 생활 혁명은 부자나 귀족들이 아니라 평범한 일반인들이 스스로 자신들에게 집중했다는 것입니다. 그들은 거의 교육을 받지 못했지만(18세기에 영국의 대학은 옥스포드와 케임브리지 둘 뿐이었고 더구나 아무에게나 대학 입학 자격이 주어지지 않았음. 국민 대부분이 실제 교육을 정식으로 받지 못함.), 새로운 사고로 세상을 호흡했고 물질적인 풍요를 다 함께 누리고자 하는 시대 정신에 휩싸였어요. 당대의 영국인들, 특히 진짜 산업혁명을 이룩한 사람들의 절대다수는 지배 계층으로 군림한 영국 국교회파가 아니라 청교도 등의 사상 전통을 추구하는 사람들이었어요. 이게 정말 중요합니다. 새로운 종교 정신과 생활 태도. 그래서 그들 중에 발명가가 연이어 쏟아지고 새로운 사업에 투자하는 사업가가 줄을 섰어요. 그들 중 맹렬 활동가는 곧장 조직을

말랑말랑 과학 공부

만들고 협회를 창설했습니다.

찰스 로버트 다윈(1809~1882, 영국, 『종의 기원』 저술)의 외할아버지는 전국민적 오지그릇으로 유명한 브랜드 '웨지우드'의 창립자 조사이어 웨지우드(1730~1795, 영국)였고, 과학자 조지프 프리스틀리(1733~1804, 영국)는 그곳의 과학 고문으로 활동했어요. 찰스 로버트 다윈의 할아버지는 '버밍엄 달 협회'의 중요 회원인 의사 이래즈머스 다윈(1731~1802, 영국)이었죠. 그런데 버밍엄 달 협회(Lunar Society of Birmingham, 보름달 밤중에 모임)는 당대 영국 사회를 변혁으로 몰고 간 핵심 조직(산업혁명과 계몽사상의 브레인 역할)이었습니다. 이곳의 핵심 인물 중 하나인 기술자 메슈 볼턴은 제임스 와트(1736~1819, 영국, 증기기관 발명: 와트 기관은 제분공장, 제지공장, 제철공장, 운하, 급수장 기타 모든 생산과 운송의 동력 등에 활용되며 산업구조의 급속 혁명을 가져옴)를 버밍엄으로 데려와 증기기관(1769년 알비온 제분소 설립-증기기관 공장식 생산)을 새로 만들었지요(지금 영국 돈의 최고액권은 50파운드인데, 메슈 볼턴과 제임스 와트가 모델임). 와트의 증기기관은 모든 동력의 태양신으로 곧 추앙받게 되지요. 그것은 곧 산업혁명의 대명사로 등록되어 세계 역사의 한복판에서 지구촌으로 대대손손 이어집니다.

셋째, 영국의 18세기 혁명은 동력 혁명입니다. 그것은 과학기술의 혁명인 한편 정신 혁명이며 사상 혁명이기도 했습니다. 그때까지의 과학은 자연철학으로서 오로지 있는 그대로의 자연을 탐구하는 일에 매달렸어요. 그러나 새로운 시대의 과학은 자연철학을 넘어 동력의 실용화를 부추겼습니다. 프로테스탄트 등 새로운 종교 윤리가 사람들을 추동하여 자본주의 사고를 낳게 했지요. 보통 사람들의 보살핌 속에 자본주의가 생활 속에서 살찌우며 무럭무럭 자라납니다. '달 협회'는 미국 사람 벤저민 프랭클린(1706~1790, 미국, 자본주의의 시조)의 실용 사고를 널리 퍼뜨렸습니다. 그러자 근대의 개념이 과학의 첨단에 적용되어 나타나기 시작합니다. 어느덧 19세기에 들어서자 '에너지'가 과학의 중심 개념으로 등장하게 되었어요. 바야흐로 자연의 힘은 동력으로 빠르게 통일되기에 이릅니다. 놀랍게도 1800년을 전후해서 미술과 문학에서도 '에너지' 개념이 예사로이 사용되었는데요. 예를 들어 낭만파 시인들은 '폭풍'이라는 말을 사랑했어요. 그것은 당시 '에너지'와 거의 동의어였죠. 시인이자 화가인 윌리엄 블레이크(1757~1827, 영국)는 '에너지는 영원한 기쁨'이라고 간결하게 읊조렸어요. 1847년에 에밀리 브론테(1818~1848, 영국)가 발표한 장편소설 『폭풍의 언덕』에서 몰아치던 강렬한 이미지가 문득 떠오르는군요.

영국 동력의 역사에서 운하는 시작이었고 철도는 그 완성이었어요. 리처드 트레비식(1771~1833, 영국)은 와트의 초기 증기기관을 1804년에 증기 기관차의 고압 엔진으로 전환했어요. 이후 1830년에 조지 스티븐슨(1781~1848, 영국, 철도의 아버지)이 여객 철도 '로켓호'를 만들어 성공하면서 영국에 마침내 철도 붐이 일어나게 되지요. 아아 그래요. 영국의 산업혁명은 사람들에게 생활의 자유를 주고 삶의 여가와 편의성을 시민들 모두에게 차별 없이 '달 협회'의 달빛인 양 은은하게 제공했습니다.

1760년에 영국에서 일어난 기술 혁명·정신 혁명·산업혁명·생활 혁명이 출발점이 되었고, 1775년에 미국 독립 혁명을 거치고 1789년에 프랑스 정치 혁명을 거치며 유럽 무대(이 점에서 미국은 신新유럽임)에 서구 근대 세계가 우뚝하니 들어서게 됩니다.

<과학 스케치 55>
유일신론과 물리학적 법칙

　물리학자들은 관습적으로 뉴턴의 시대에서 유래한 매우 제한적인 자연법칙을 고수해왔어요. 그것은 전지전능한 유일신론의 관점으로 우주의 질서를 해석하는 것입니다. 쉽게 말해 물리법칙을 신의 마음속 생각으로 여겼던 것으로 신이 합리적인 방식으로 우주에 질서를 부여했다고 보는 것이죠. 신은 완벽하고 영원하고 불변하는 존재로서 시간과 공간과 만물을 창조하고 또 그것을 초월해 있다고 믿었어요.

　본질적인 면에서 볼 때, 신학적인 이런 이유로 17세기에 물리학 법칙을 세우려던 철학자는 창조주와 피조물의 비대칭적인 관계 정립을 힘들어했어요. 왜냐하면 신은 시간이 흐르면서 변하는 세계를 만들었으나 신은 언제나 불변하는 존재로 남아있어야 하기 때문이죠. 곧 세계는 계속 존재하기 위해 신에 의지하지만 신은 세계에 의존하지 않아요. 그런데 우주의 법칙들은 신의 본성을 반영한다는 생각을 가졌으므로 자연법칙 또한 불변해야 한다는 생각도 자연스레 따라 나올 수밖에요. 생각하면 이것은 엄청난 가정이었죠. 전능한 유일신을 믿는 과학자의 사유 구조에서는 극히 자연스러운 과학적 가설임에도 말이에요. 여기에는 자연법칙 자체가 절대적으로 불변적으로 고정되어 있어야 한다는 설득력 있는 논증도 필요 없어요. 왜냐하면 우주 질서나 자연법칙이 바로 '신의 마음' 그 자체였으니까요.

1630년에 출판한 자연과학의 책『세계론』에서 저자 르네 데카르트(1596~1650, 프랑스, 그의 고향 '라에'는 1996년에 데카르트 탄생 400주년을 기념하여 도시 이름을 아예 '데카르트'로 바꿈)는 이렇게 말합니다.

"왕이 자신의 왕국에 법을 세운 것처럼 자연의 법칙을 세우신 분은 신이다 … 만일 신께서 이 진리들을 세우셨다면 왕이 자신의 법을 바꾸는 것처럼 신께서도 이 진리들을 바꾸실 수 있지 않겠느냐는 말을 들을 수도 있다. 이에 대해서는 반드시 이렇게 답해야 한다. 그렇다. 그분의 뜻이 바뀔 수 있다면 그리될 것이다. 그러나 나는 그 진리들이 영원하고 불변한다고 이해한다. 그리고 나는 신에 대해서도 이와 똑같이 판단한다."

데카르트는 "나는 생각한다. 고로 존재한다." - 이 유명한 명제

르네 데카르트(1596~1650)

를 언제나 '신은 존재한다'라는 명제와 연결해서 새삼 확인했어요. 데카르트에게 자신 존재의 근거는 신이었던 것입니다. 유럽의 초기 과학자들이 모두 그랬던 것처럼 데카르트 역시 그에게는 이성의 빛이 자연법칙이었고 그것이 또한 신앙의 빛이었던 것이었죠.

현대 과학자 알베르트 아인슈타인(1879~1955, 독일/미국)이 과학에 대한 자신의 생각을 다음과 같이 명확히 밝혔습니다. "나는 신의 생각을 알고 싶습니다. 나머지는 세부 사항일 뿐입니다."

아인슈타인은 1915년에 〈일반상대성이론〉을 발표하면서 우주가 동적이며 축소하거나 팽창한다는 사실을 알았으나, 자신의 절대자 유일신론 사고에 따라 '우주 상수'라는 임의의 항까지 넣으며 우주 불변을 주장했지요. 알렉산드르 프리드만(1888~1925, 러시아)이 아인슈타인의 이론을 적용하여 팽창우주론의 모델인 '프리드만 방정식'을 만들어 1922년에 동의를 구했으나 아인슈타인은 이를 차갑게 거부했다고 하지요. 또 1927년에는 조르주 르메트르(1894~1966, 벨기에)가 〈일반상대성이론〉에 따른 연구 결과로 얻은 우주 축소와 팽창에 아인슈타인의 의견을 구했으나 혹평만 들었다고 합니다. 하지만 1929년에 에드윈 허블(1889~1953, 미국)의 천문학적 발견으로 우주 팽창이 대서특필로 제시되자 아인슈타인은 그제야 자신의 우주 방정식에서 '상수'를 지우고 우주 팽창을 확인해주었다지요. 작은 일화들과 일련의 소동 끝에 아인슈타인은 마침내 세계에서 가장 머리 좋은 과학자, 가장 유명한 천재 과학자가 되었습니다.

<過학 스케치 56>
자연법칙에 따라 움직이는 기계

　프랜시스 베이컨(1561~1626, 영국)이 주창한 주체로서의 인간과 객체로서의 자연은 데카르트에 이르러 완전한 이분법 철학으로 유럽 지성사에 우뚝 섰습니다. 한마디로 그것은 철저한 인간중심주의 사상이며, 좁혀 들어가면 '백인 남성 중심주의' 사상입니다. 그에 따라 인간은 자연을 이용하고 지배하는 주인이자 소유자로 격상합니다. 달리 말하면 인간은 신의 대리인이 되어 자연 세계를 지배하고 관리하는 주체가 되어요. 그러나 이 시기 독일 철학자들은 대체로 유기체적 자연관을 제시하여 기계론적 자연관의 악몽을 지우려고 노력했지요. 라이프니츠(1646~1716, 독일)는 '모나드(monad, 단자)'를 우주 생명의 단위로 삼고 자연의 활성과 주체성을 제시했어요. 프리드리히 헤겔(1770~1831) 역시 인간과 자연의 화해를 철학적으로 주선했고요. 셸링(1775~1854) 등은 전체론 또는 전체주의 관점으로 자연을 바라볼 것을 주문했지요. 19세기 독일 철학에서는 서유럽 특유의 인간중심주의 철학이 지닌 위험성과 해악을 강하게 경고했다고 할 수 있습니다(인류의 행운일까 불행일까, 실제의 서구 근대 문명은 서유럽이 제작했음). 생태 철학(한국 철학 동양 철학)에 따르면 구름이나 계곡물은 주체성과 생산성을 동시에 지니고 있어요. 크로포트킨(1842~1921, 러시아, 아나키즘-무정부주의- 시조)는 당대 유럽에 폭풍처럼 번지던 사회학자 허버트 스펜서(1820~1903, 영국, 다윈의 진화론에서 '적자생존' 용어 창안)의 적자생존론에 반기를 들고 '모든 만물은 서로 돕는다'라는 '상호부조' 이론을 1902년에 발표합니다. 그의 사상은 20세기 일본 등의 극소

허버트 스펜서(1820~1903)

수 반제국주의자에게 큰 영감을 주었고, 특히 한국의 단재 신채호 (1880~1936) 선생의 독립운동 지향점을 민족주의에서 아나키즘으로 돌아서게 한 것으로 유명합니다.

데카르트는 즉각 기계론 철학을 제시하여 진작에 자연에서 신비성을 제거했어요. '자연은 정확한 수학적 법칙에 의해 지배되는 완전한 기계'라는 하나의 가설이 데카르트 자연철학의 출발점이었죠. 데카르트의 꿈을 수학적으로 실현하고 르네상스 과학 혁명을 완성한 사람이 아이작 뉴턴이었습니다. 뉴턴은 데카르트에게서 '운동'이라는 개념을 이어받아 자연현상의 기본을 운동으로 이해했지요. 그는 입자의 운동에 수학적 성격을 더한 '힘(force)'이라는 개념을 창조해서 운동을 정량적으로 분석하였죠. 정량적 사고는 달리 말해 일종의 수리 능력입니다. 뉴턴은 힘을 운동의 원인으로 설정했어요. 이게 근대 역학의 진정한 출발점이 되었죠. 힘에서부터 가속도, 속도, 물체의 움직이는 궤적 등을 계산하는 역학의 방법이 정식화되었습니다. 단언하건대 이것이 바로 근대 과학 혁명의 완성입니다.

<과학 스케치 57>
제논의 역설에 굴복하다

그리스 철학에는 0의 개념이 없었어요. 무한이나 무와 같은 개념이 없었죠. 말하자면 0은 서양의 기본적인 믿음에 위배되는 숫자였어요. 기하학 위주의 그리스 수학에는 숫자와 도형 사이의 엄격한 구분이 없었죠. 숫자 1은 점을, 2는 선분을, 3은 삼각형을, 4는 사각형을 의미했어요. 그렇다면 그리스인들에게 0은 어떤 도형이었을까요? 그것은 존재하지 않는 수나 마찬가지였죠. 그래요. 그들에게 0이나 무한은 없는 존재였어요. 제논(서기전 490~430, 그리스)이 제안한 '제논의 역설'이라는 수수께끼를 풀어낼 열쇠가 바로 당대 그리스인에게는 없던 0과 무한 개념이었어요. 아리스토텔레스(서기전 384~322, 그리스)를 비롯한 그리스 철학자들이 '제논의 역설'에 대응하지 않고 무시하거나 거기에 굴복한 것은 너무나 당연했죠. 아킬레스와 거북이의 경주에서 그리스인들은 0을 몰랐기 때문에 시간이 지나면 바로 종착점이 있다는 것을 알지 못했어요.

아리스토텔레스는 0을 인정하지 않아서 초지일관 '자연은 진공을 싫어한다'라고 주장하였으며, 0과 무한의 문제를 언급하지 않고 제논의 역설을 간단히 피해나간 적이 있었죠. 그리스 시대의 우주에는 무한도 없었고 무도 없었어요. 다만 지구를 둘러싼 아름다운 천체만 있었을 뿐이죠. 당연히 지구는 우주의 한가운데 위치했으며, 이러한 기하학적 우주는 2세기에 알렉산드리아의 프톨레마이오스(서기전 100~170, 로마제국)에 의해 완성되었어요. 이를 공식적인 교리 해설로 삼은 기독교 천문학의 수정과 비판은 니콜라우스 코페르니쿠스(1473~1543, 폴란드)의 등장을 기다려야만 했습니다.

<과학 스케치 58>
원자 독립 만세

　원자는 철저히 독립적입니다. 원자들은 서로 아주 가까이 붙어 있지만, 너무 가까이 가지는 않아요. 약간 떨어져 있는 원자들은 서로를 끌어당기지만 조금이라도 가까이 다가서는 순간 반발하며 서로를 밀어냅니다. 원자 개수는 무한대입니다. 셀 수가 없을 정도 지요. 1조에 1조를 곱하고 거기에 백만을 더 곱한 만큼의 원자들이 있습니다. 그러나 원자들이 제자리를 지켜 세계가 안정적인 까닭은 원자를 구성하는 소립자들의 특성에서 나오는 대립과 타협 때문이에요.

　원자핵은 전체 원자 부피의 1조분의 1밖에 되지 않지만, 그 속에 양성자와 중성자를 가지고 있는데 놀랍게도 그 둘은 원자 질량의 99.9%(비유한다면 태양계에서 태양의 몫과 같음)를 차지해요. 우리가 잘아는 원소들은 대부분 핵 속에 들어 있는 양성자와 중성자의 수가 같아요. 가령 탄소는 양성자가 6개 중성자가 6개이고, 질소는 양성자 7개 중성자 7개이고, 산소는 양성자 8개 중성자가 8개가 들어 있어요.

그런데 무거운 원소 중에는 중성자의 수가 양성자의 수보다 훨씬 더 많은 것들이 있어요. 수은(Hg)은 양성자가 80개인데 중성자가 120개나 있어요. 양성자의 개수가 원자번호를 결정짓는데 수은의 원자번호는 80번입니다. 양성자는 양의 전하를 띠고 중성자는 전하를 띠지 않아요. 그래서 양성자가 원자번호를 결정짓는 특권을 가지게 되지요. 양성자의 숫자는 절대적이며 그것만으로 다른 원소와 구별되는 특징이에요. 금(Au 원자번호 79)은 양성자 수가 79개이고, 백금(Pt 원자번호 78)은 양성자 수가 78개입니다. 그런데 양성자와 반대로 음의 전하를 띠는 게 '전자'인데, 이 전자는 양성자에 비해 천 배 정도 더 가볍지만, 이것의 음의 전하가 양성자의 양의 전하와 힘이 대등합니다. 말하자면 양성자와 전자는 음양의 조화로운 기운이 되어 원자를 단단한 독립 개체로 만든답니다.

전자는 초속 2,200km로 쉴 새 없이 돌며, 전자 때문에 아니 전자의 반발력 때문에 모든 원자는 일정한 거리를 유지하며 독립성을 지니지요. 원자핵은 모두 음의 전하를 띤 전자구름에 둘러싸여 있는 까닭에 원자들끼리는 반발력을 띠게 돼요. 원자에 필요한 전자의 개수와 그에 따른 전자껍질의 개수는 양성자가 정합니다. 결국 양성자의 수가 원소를 원소답게 만드는 가장 기본적인 요소인 셈이지요.

<과학 스케치 59>
자연의 상호작용 힘 4가지

　자연에는 4가지 종류의 힘(force)이 있습니다. 이것을 자연의 기본 힘 4가지 또는 상호작용 방식 4가지라고 합니다. 그런데 힘은 반드시 물체와 물체 사이에서 서로 발생합니다(그래서 '힘'을 다른 말로 '상호작용'이라고도 함/결국 '힘[F]'이란 둘 이상의 물체가 서로 영향을 주고받는 것을 나타내는 뉴턴식 물리 용어임). 가령 사람이 벽에 힘을 가할 때 벽도 사람에게 힘을 가합니다. 그리고 그 힘은 크기가 같고 방향은 반대예요(뉴턴의 만유인력 법칙도 마찬가지임. 낙하 사과의 인력과 지구의 인력이 같은 크기로 작용함. 작용 반작용의 법칙/작용과 반작용의 힘은 반드시 같은 크기임.). 4가지 기본 힘은 중력, 전자기력, 강한 핵력, 약한 핵력입니다. 이것은 강도와 작용 범위와 법칙이 모두 다르긴 하나 전적으로 상호 배타적인 것은 아닙니다.

　지구가 우주로 날아가지 않고 태양 주변을 안정적으로 도는 것은 중력 때문이에요. 우리가 의자를 통과하지 않고 잘 앉을 수 있는 것은 전자기력 덕분이지요. 우리 몸을 이루는 입자들이 단단히 잘 뭉쳐져 있는 것은 '강한 핵력'이 그렇게 하는 것이고, 태양이 밝게 떠서 빛을 내며 지구에 에너지를 주는 것은 '약한 핵력' 덕분이지요. 이러한 4가지 상호작용의 힘으로 우리가 세상을 살아갑니다.

중력은 4가지 기본 힘 중에서 가장 약한 힘이에요. 모든 물체는 중력이라는 힘으로 서로를 끌어당기죠. 전하를 띠거나 말거나 물체의 질량은 세상의 모든 곳에서 '중력'이라는 특별한 존재를 만들어내지요. 그러나 전하를 띤 소립자가 있다면 그것은 중력의 10^{40} 배인 전자기력의 지배를 받게 됩니다. 소립자들은 중력 대신 전자기력의 영향권으로 이동하게 되지요.

우리는 전자를 통해 세상을 감각하고 느끼게 됩니다. 우리의 감각을 지배하는 힘은 전자기력입니다. 첫째로 시각은 광파라고 부르는 전자기파의 한 종류가 우리 망막에 있는 원자들과 접촉함으로써 자신들의 정보를 전달해요. 둘째로 청각은 공기를 이루는 원자들이 우리 귓전의 원자들을 누를 때 우리의 뇌는 끊임없이 흔들리며 서로 간섭하고 있는 전자를 해독해 지금 음악이 연주됨을 알아요. 셋째로 미각과 후각은 음식을 이루는 원자들이 우리 혀의 미뢰와 코의 후각 수용체에 있는 원자에 전자를 밀어 넣어야만 '우리가 지금 치킨을 먹고 있구나' 하며 파악할 수 있어요.

우리 몸이나 운동화나 마룻바닥이나 김밥 등 물질들의 압도적인 대부분을 이루고 있는 것은 양성자와 중성자이지만, 우리가 이 세상을 받아들이고 느낄 수 있게 해주는 것은 전체 원자 무게의 0.1%도 되지 못하는 전자, 안절부절못하며 끊임없이 움직이는 전자 때문입니다. 전자는 초속 2,200km로 움직이며 18초 만에 지구를 한 바퀴 돌 수 있을 정도로 재빨라요. 우리가 책상을 손으로 만진다면 가장 바깥쪽에 있는 전자들이 서로를 밀어내는 전자기력이 생기는데, 달리 말해 전자가 전자를 밀어내는 반발력이야말로 우리가 바닥을 통과해 우주로 떨어지지 않게 막아주는 힘이에요. 우리가 식탁 같은 사물을 본다면 그것은 식탁 원자를 장식하고 있는 전자들이 가볍게 반동하는 것이라고 할 수 있어요.

비록 중력이 우리를 지구에 붙어 있게 하지만, 결국 전자의 반발력(전자기력)이 우리를 지구에서 그럭저럭 살아가게 만든다는 사실을 명심하는 게 좋겠습니다.

그런데 강한 핵력은 전자기력보다 100배 이상 강한 힘입니다. 강한 핵력은 양의 전하를 띠고 있는 양성자들끼리의 전자기력 반발력을 제압하고 양성자들이 중성자와 함께 원자핵 안에 사이좋게 머물게 합니다. 강한 핵력(1947년에 발견)은 딱 이 경우에만 사용하는 자연의 힘이자 상호작용이에요. '강한 핵력'이라고 이름을 붙였을 뿐이죠.

약한 핵력(1983년에 발견)은 원자핵이 자연 붕괴가 되게 하는 힘이에요. 말하자면 '강한 핵력'과 '약한 핵력'은 원자핵 안에서만 작용하는 힘입니다.

통일장이론은 이 4가지 힘을 하나로 묶는 방정식을 찾는 노력입니다. 아인슈타인은 상대성이론 이후 평생을 두고 이것에 도전했습니다.

〈과학 스케치 60〉
전자의 자유 활동

어떤 형태이든지 전자는 끊임없이 움직입니다. 원자핵 주위를 둘러싼 전자구름 속에서도 전자는 결단코 멈추지 않아요. 극히 미미하나 전자에는 질량이 있어요. 그러므로 전자는 물질의 한 형태예요. 우주는 물질과 에너지라는 두 가지 기본 요소로 되어있고요. 에너지는 공식적으로 '일을 할 수 있는 능력'으로 정의하는데, 전자는 자발적으로 일하지 않아요. 말하자면 에너지가 아닌 거죠.

전자의 흐름을 전류라고 하는데 '전류'라는 것은 전하를 띤 입자가 전선 같은 일정한 통로를 따라 예정된 목표 지점으로 곧바로 이동하는 것을 말해요. 전류는 정전기와 마찬가지로 전하를 띤 입자의 여행 때문에 생기지만, 입자의 흐름인 전류는 어떤 목표를 향해 쉼 없이 흐르고 우리는 그것을 돈(전기료)을 내고 사용해야 합니다.

문손잡이의 금속은 전자들이 모여드는 집합지라고 할 수 있어요. 금속은 전기 저항이 작아 전자가 쉽게 이동할 수 있지요. 전자가 그 안에서 활발하게 돌아다닐 수 있는 뛰어난 전도체가 금속입니다. 금속 원자가 자기들끼리 모여 분자를 이룰 때 가장 바깥쪽 껍질의 전자들은 마음대로 원자들 사이를 이동할 수 있어요. 이웃 원자들끼리 전자를 공유하면 원자들 간의 결합이 단단해지는 까닭에 중요한 도구나 전쟁 무기를 만들 때 금속을 이용해 왔지요. 특히 구리나 텅스텐은 가장 바깥쪽 전자껍질만큼이나 다른 껍질들도 텅 빈 넓은 공간을 가지고 있는 까닭에 다른 금속들보다 전자의 흐름이 훨씬 더 자유롭습니다(전등 형광등에 사용).

전류가 흐를 때 즉 수조 개에 달하는 전자들이 잔뜩 흥분한 상태로 내달릴 때 목적지에 도달하는 전자도 있긴 한데, 사실은 그렇지 않은 전자가 훨씬 더 많아요. 과학자들 사이에 '전기'라는 용어는 단지 설명하는 말로 남을 뿐이죠. 사실 전기는 존재하지 않아요. 사람들에게 전기는 80여 가지가 넘는 가전제품을 움직이게 하는 보이지 않는 힘일 뿐입니다. 고무나 플라스틱 등은 전자의 자유 활동을 막는 절연체의 대표적인 물건이지요.

번개는 거대한 정전기 자연현상입니다. 말하자면 번개는 금속 손잡이를 잡을 때 발생하는 방전 현상이 하늘에서 대규모로 발생하는 것이라고 할 수 있어요. 하늘에 퍼져 있는 수십억 개의 물방울들이 서로 만나고 부딪혀 전하를 띠게 되고, 이것이 거칠고 둔감

한 땅 사이에 존재하는 전하와 지독한 불균형을 이루는데 어느 순간 전하의 지독한 불균형이 번개 현상으로 나타나게 되는 것이죠.

전류가 흐르게 하려면 전자가 갈 수 있는 통로, 즉 회로나 전도체가 필요해요. 건전지의 경우는 건전지의 양극을 연결하는 금속선이 다리 역할을 해주지요. 한쪽 끝에 과도하게 생긴 전자는 저건너편에서 양의 전하인 이온이 자신들을 끌어당기고 있음을 느끼고 또한 같은 전하를 가진 전자들은 서로 배척하며 밀어내기 시작합니다. 그러면 전자들은 원자에 부딪히기도 하고 가장 바깥쪽에 있는 전자들을 밀어내기도 하면서 마치 도미노 조각처럼 줄줄이 쓰러지듯이 원자들을 밀치고 미친 듯이 앞으로 나가기 시작해요.

벽에 걸린 콘센트에서 흘러나오는 전류도 발전소에서 떠난 전하를 띤 입자들이 잘 닦인 통로를 따라 서로 밀고 밀치며 이동하기 때문에 발생하는 현상입니다. 건전지 속의 화학물질이 지닌 위치에너지는 이온이나 전자의 운동에너지로 바뀌어 모터를 돌리거나 필라멘트를 가열해 빛을 발할 수 있게 됩니다. 아아, 그렇군요. 전자의 자유 활동이 오늘의 자유 전기 세상을 만들었습니다.

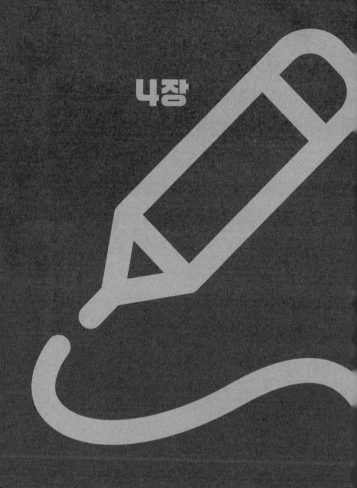

4장

별의별별 과학
    - 닐스 보어의 양자 세계

<과학 스케치 61>
작은 것이 아름답다, 물질의 세계

　오늘의 우주 만물은 118개의 화학 원소로 구성되어 있다고 알려져 있어요. 고대 중국의 춘추전국시대(서기전 770~476)에는 불, 물, 나무, 쇠, 흙이라는 다섯 원소(화수목금토-오행)로 이것을 설명했어요. 고대 그리스의 엠페도클레스(서기전 490~430)는 물질의 근원으로 4 원소 (물, 불, 공기, 흙)를 주장합니다. 그리고 그 작동 원리는 '사랑과 불화'라는 두 대립하는 힘에 영향을 받는다고 했어요. 연금술은 중국과 이슬람 세계와 유럽에서 선보인, 물질에 대한 체계적인 연구라고 할 수 있습니다. 원소가 과학 지식으로서의 화학물질이 되는 데는 18세기 라부아지에(1743~1794, 프랑스)의 등장을 기다려야 했어요. 하지만 그가 펴낸 33가지 원소 목록에는 엉뚱하게도 화합물도 있었고 물질이 아닌 '빛'이나 '칼로리' 같은 것조차 있었음은 불문가지가 아니겠어요.

하하하 그래요. 우리 눈에 보이는 모든 것들이 물질입니다. 분자가 물질을 이루고 분자는 원자로 구성되어 있어요. 그리스의 데모크리토스(서기전 460~370)는 원자를 생각하고 '아토모스'라는 이름을 붙여주었어요. 당대 유명한 철학자들인 플라톤(서기전 427~347)과 아리스토텔레스(서기전 384~322)는 진작부터 엠페도클레스(서기전 490~430)의 4 원소설에 동의하고 그를 받아들였죠.

아리스토텔레스 철학은 중세 시대에 기독교 공인을 받은 최고의 지식으로 서구 유럽 사회 지식층을 석권했지요. 그러다가 화학계에는 17세기에 로버트 보일(1627~1691, 영국)이 등장하여 아리스토텔레스에게 도전장을 던져요. 영국왕립학회의 창립 회원이기도 한 그는 독실한 프로테스탄트 교도로서 그리스도교의 순결성을 지키고 이교도들에게 대항하기 위해 맹렬한 기세로 과학 연구에 몰두합니다. 1661년에 유명한 '보일의 법칙'을 발표하는 한편, '원소(Eliment)' 개념을 제시하고 입자 운동을 설명하는 『의심 많은 화학자』 책을 출간합니다. 보일이 주장한 신의 섭리에 따르면 자연은 태초에 신이 만들었고 이제 그 자연은 시계 같은 기계 장치가 되어 인간의 손으로 탐구될 수 있다고 했어요. 그는 자연 탐구가 신의 영광을 실현하는 고귀한 종교적 책무라고 생각했지요.

'원소' 개념이 제창되면서 과학자들은 금과 은이 원소의 조합이 아니라 그 자체가 하나의 원소라는 사실을 확인하고 믿어가기 시작합니다. 구리나 납 등도 똑같은 경우였으며 어느덧 13개의 원소들이 차례차례 발견되었어요. 연구자들은 계속해서 새로운 원소를 찾는 일에 매달렸고 가령 1669년에는 '인'을 발견했고 1735년에는 코발트와 백금을 발견했지요.

19세기에 들어서자 진지한 퀘이커 교도인 존 돌턴(1766~1844, 영국)이 자신의 근대 원자론을 1803년에 제시합니다. 돌턴은 자신의 연구 성과물을 모아 『화학 원리의 새로운 체계』라는 제목의 책으로 1부는 1808년에, 2부는 1810년에 출판합니다. 돌턴의 가장 위대한 과학적 공헌이라고 할 수 있는 '원자 가설'이 이로써 명료해지는데요. 모든 원소는 같은 모양과 같은 무게를 가진 '원자'라는 매우 작고 더는 쪼개지지 않는 입자들로 구성되어 있다는 '원자 가설'이 바로 그것입니다.

돌턴의 획기적인 원자 발견론은 반증과 수용 사이에서 소용돌이치면서 과학자들을 원소 연구의 격랑 속으로 이끌고 갑니다. 19세기 중반에 이르면 돌턴의 '원자론(atomic theory)'에 대한 집중적인 연구가 거의 성공적으로 쏟아지는데 조제프 루이 게이뤼삭(1778~1850, 프랑스), 아보가드로(1776~1856, 이탈리아) 등이 유명합니다.

원자(atom)는 대체로 불안정합니다. 그래서 원자는 더 안정된 상태가 되고자 결합해서 분자(molecule)가 되고자 해요. 그런데 분자는 어떤 물질의 특성을 유지한 채 존재하는 가장 작은 화학적 단위예요. 만약에 물(H_2O) 분자에서 이것을 원자 단위로 잘라버리면, 물 분자는 더는 우리가 알고 있는 물의 특성을 지닐 수가 없어요. 원 자들이 결합해서 분자가 만들어지는데 만약 원자들이 같은 원소라면 분자들도 같은 원소의 결합이 돼요. 예컨대 수소 원자 2개가 결합하면 수소 분자가 됩니다. 그런데 두 개의 원자들이 서로 다르면 화합물을 형성하지요. 가령 탄소와 산소가 결합하면 이산화탄소(CO_2)가 되고, 수소와 산소가 결합하면 물(H_2O)이 됩니다.

한마디로 원자들은 다른 원자와 결합해서 분자를 이룹니다. 금 이나 수소 같은 원소는 한 종류의 원자로 이루어지지만, 자연에 존 재하는 모든 원소가 원자 상태로 발견되는 것은 아니에요. 가령 산 소와 수소 같은 경우 원자들이 서로 결합해서 분자 형태로 존재해요(예: 물 분자 H_2O). 다이아몬드와 석탄의 경우처럼 모든 원자가 같더라도 원자 구성이 다르게 배열되면 다른 특성을 지닌, 전혀 다른 물질이 될 수가 있어요. 참고로 말한다면 최초의 인공 합성 원소는 '테크네튬(Tc 원자번호 43)'인데 1937년에 사이클로트론의 방사능 붕괴 여파로 만들어집니다.

물질에 관해 요약 설명하자면, 물질은 분자로 이루어져 있고 분 자는 원자로 이루어져 있어요. 원자는 원자핵과 전자로 이루어져 있고, 원자핵은 핵자라고 하는 양성자와 중성자로 되어있지요. 양 성자의 개수가 원자의 화학적 특성을 결정지어요. 그래서 원자번호는 양성자의 개수를 나타냅니다. 가령 원자번호 8인 산소는 양성자+8개, 중성자 8개, 전자-8개로 구성되어 있죠.

이때 양성자 개수는 같은데 중성자 개수가 다른 게 있는데 이것을 '동위원소'라고 합니다. 양성자와 중성자의 질량은 거의 같아서 이 둘을 합쳐서 '질량수'라고 일컫지요.

<과학 스케치 62>
원자는 무엇으로 이루어져 있을까

고대 그리스의 철학자 데모크리토스가 '원자론'을 주창한 이래 아리스토텔레스 철학의 지적 권위가 중세 자연철학을 지배하면서 원자 이론은 철저히 잊힌 것이 되었죠. 그러다가 17세기에 로버트 보일이 아리스토텔레스 화학에 의심의 눈초리를 처음 던졌고 19세기에 등장한 존 돌턴이 '원자 가설'을 새롭게 주창했지요. 수많은 실험과 연구 끝에 19세기 말에는 근대 원자론이 확정되었습니다. 말하자면 원자론이 의심할 여지가 없는 과학적 사실로 받아들여졌어요.

뢴트겐(1845~1923, 독일)은 1895년 늦가을에 여느 날처럼 음극선 연구에 몰두합니다. 이때 낯설고 이상한 X 복사선을 발견하게 돼요. 뢴트겐은 이것이 빛의 성질과는 전혀 관계가 없는 것으로 여기고, 'X선' 또는 'X 복사선'이라는 이름을 붙여줍니다.

조지프 존 톰슨(1856~1940, 영국) 역시 1897년에 음극선 실험을 통해 '전자'를 발견합니다. 과학자 최초로 그가 마침내 원자 속을 들여다 본 것이라고 할 수 있어요. 톰슨은 언제나처럼 크룩스(1832~1919, 영국)가 만든 유리관을 이용해서 음극선이 음전하를 띤 입자들의 흐름이라는 것을 확인했지요. 전자 흐름이 곧 '전기 원자'의 흐름입니다. 그는 거듭되는 연구와 계산과 실험을 통해 자신이 사용한 음극선이 잘 알려진 원자의 질량보다 훨씬 가볍다는 것을 알아냈어요. 톰슨이 원자 안에 있는 작은 조각을 마침내 발견한 것이지요. 더 중요한 것은 전극으로 쓰이는 금속의 종류를 교체함으로써 음극선이 원소에 상관없이 항상 동일하다는 결론을 얻은 것이에요. 발견된 작은 조각이 원자를 구성하는 하나의 성분이라는 뜻인 거죠. 음전하를 갖고 있는 그것에 톰슨은 '전자'라는 이름을 붙여주었어요. 이렇게 해서 세계 최초로 '전자'가 발견되었습니다.

이후 이와 관련된 과학적 발견이 구름송이처럼 피어나며 잇따릅니다. 원자는 전자와 원자핵으로 구성되었고, 원자핵은 양성자와 중성자로 구성되어 있음이 밝혀졌어요. 비유하면 전자는 옷이나 장갑 같은 것이고 원자핵은 내 몸 자체인 거예요. 전자는 원자 간에 쉽사리 교환이 가능하나, 원자핵 안에 있는 양성자는 교환이 가능하지 않아서 그래요. 결론적으로는 원자 속에 있는 양성자의 개수가 그것이 어떤 원자인지를 결정합니다. 예를 들어 탄소 원자의 핵에는 항상 양성자가 6개 있고 질소 원자는 양성자가 7개 있어요. 그래서 만약 질소 원자가 양성자를 한 개 잃어버리게 되면 그것은 질소가 아니라 탄소 원자가 되어버리는 것이죠.

원자는 크기가 각각 다른데, 그것은 원자가 몇 겹의 전자 층으로 둘러싸여 있는가에 달려 있어요. 크기가 작은 원자는 불과 몇 개의 전자 층을 갖고 있지만, 커다란 원자는 수많은 전자 층을 갖고 있어요. 원자 안에 약간의 전자 층이 있다는 것은, 원자 내부에는 틈새가 벌어져 있다는 뜻이고 전자는 음전하를 가져서 서로 반발하는 까닭에 최외각에 있는 '원자가전자(valance: 화학 반응에 참여하는 전자)'들은 외부의 힘에 반응해서 외부 껍질을 벗어날 준비가 항시 되어있다고 볼 수 있는 거예요.

19세기 중엽의 과학자들은 발견된 각각의 원자 종류의 이름과 특성 따위를 잘 정리할 필요가 있다고 느꼈어요. 원소들이 가진 규칙성에 따라 원소들을 나열하는 것에 관한 논의와 연구가 극적으로 활발해졌지요. 마침내 드미트리 이바노비치 멘델레예프(1834~1907, 러시아)에 의해 1869년에 원소 주기율표가 최초로 고안 발표되었어요. 그는 이때 당시 발견된 원소 63종을 정리했는데, 미발견 원소 2개 자리를 예측하고 주기율표에서 공석으로 비워 두었어요. 나중에 멘델레예프의 예측대로 과학자들이 1875년에 '갈륨'을 발견하고, 1886년에 '게르마늄'을 각각 분리해서 알아내어 멘델레예프 주

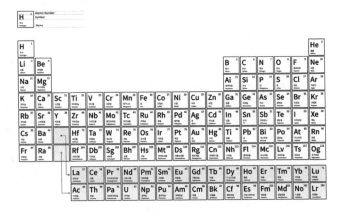

원소 주기율표

기율표 공석을 깔끔하게 마저 채웠어요.

　원소가 이름과 기호를 부여받으면 원자번호를 받게 되는데, 원자번호는 핵 안의 양성자 수와 일치해요. 수소(H)는 원자번호가 1번이고 이는 핵에 양성자가 하나만 있다는 뜻이에요. 중요한 것은 모든 원자가 중성으로 간주된다는 점입니다. 왜냐하면 핵 안에 있는 양성자의 개수와 바깥에 있는 전자의 개수가 같으니까요.

〈과학 스케치 63〉
최초의 전기 혁명

'전자(electron)'라는 말은 서기 1600년에 의사 윌리엄 길버트 (1544~1603, 영국)가 만든 용어입니다. 그것은 그리스어로 광물 '호박'을 뜻해요. 그는 '영국 실험과학의 아버지'라고 불리는데, 자연 탐구에서 철두철미 실험을 강조하고 실천한 물리학자입니다. 엘리자베스 1세(1533~1603) 여왕의 주치의로 활동하며 많은 자기 실험과 전기 실험으로 궁중 사람들을 과학 별천지로 초대한 바가 있어요. 1600년에 『자석, 자성체, 거대한 자석 지구에 관하여』(약칭 '자석에 관하여')라는 책을 출판하며 과학에 있어 경험적 귀납적 방법의 중요성을 실험적 관찰이라는 독특한 방법으로 풀어냈습니다.

그는 전기와 자기를 철저히 분리하여 전혀 다른 것으로 취급하였는데, 길버트 당대에는 사실 전기와 자기가 '감추어진 힘, 신비한 힘' 등으로 애매하게 섞여 있었어요. 윌리엄 길버트의 전기와 자기에 관한 '철저 분리' 견해는 그의 지적 권위에 힘입어 200년 이상 이어졌는데, 이것이 19세기에 들어 마이클 패러데이(1791~1867, 영국)를 거쳐 마침내 제임스 클러크 맥스웰(1831~1879, 영국)이 이를 '전자기학'이라는 하나의 학문으로 통합하면서 가장 화려하게 반전의 종지부를 찍게 되지요.

그런데 길버트는 자기를 연구하면서 지구를 하나의 커다란 자석으로 간주했어요. 그는 철저히 코페르니쿠스(1473~1543, 폴란드) 추종자로서 태양중심설을 믿었고 그래서 태양계의 행성들이 자성의 힘으로 돈다고 생각한 최초의 연구자였지요. 중력의 근본을 자력으로 여긴 길버트의 최초 생각을 이어받은 과학자가 바로 요하네스 케플러(1571~1630, 독일)입니다. 케플러가 찾아낸 천문학 행성 법칙은 자신의 수학적 재능과 길버트의 자기력 실험 아이디어와 브라헤(1546~1601, 덴마크)의 관측 자료가 만들어낸 축복이라고 할 수 있어요.

참고로 말한다면 충전지는 화학 반응을 통해 전류를 생산하는 방식이지요. 충전지 덕분에 우리 일상은 참 편리해요. 그러나 가장 중요한 전기 화학 반응은 바로 우리 몸속에서 일어나는 것입니다. 우리의 신경망과 뇌는 전기 자극 덕택에 활동하거든요. 뉴런이라는 신경 세포 내의 화학 작용으로 전기 자극이 일어나요. 만약에 전류의 화학 작용이 아니었다면 지구상에 인간이나 동물의 존재는 찾을 수가 없을 겁니다.

<과학 스케치 64>
지구의 탄생 이야기

1622년에 프랜시스 베이컨(1561~1626, 영국)이 『신기관』 책을 출판해요. 책의 부제는 『자연 해석과 인간 세계에 관한 잠언들』로 지었어요. 그는 여기서 아리스토텔레스의 전통적인 연역적 방법론을 부정하고 자연에 대한 관찰과 실험을 통해 과학적 사실을 점진적으로 구축해나가야 한다는 귀납적 방법론을 체계적으로 제시했어요. 베이컨은 근대 산업 문명사회의 기본 틀을 형성한 지적 설계자예요. 그는 과학기술의 유토피아를 제창했지요. 그의 말을 직접 들어보죠.

"나는 확실성의 단계를 점진적으로 확립하는 과정을 제안하고자 한다."

- 『신기관』, 머리말 중에서

베이컨은 1620년에 지구 해안선이 비슷하게 생겼음을 이상하게 여겼어요. 아메리카 대륙의 동쪽 해안선과 유럽-아프리카 대륙의 서쪽 해안선이 유사하여 과거에는 두 대륙이 붙어 있었을 가능성을 언급한 적이 있어요. 지구의 탄생이 자연현상의 거대한 부분적 현상이라고 생각할 만한 것이었죠. 훗날 르네 데카르트(1596~1650, 프랑스) 역시 거대한 자연현상으로 지구가 태어났을 것이라고 추론했어요. 가톨릭 주교인 제임스 어셔(1581~1656, 영국)는 성경 연대기를 계산한 끝에 지구의 탄생을 정확히 기원전 4004년 10월 22일로 계산하여 1650년에 공개적으로 발표했어요. 지구 나이를 6,000여 년으로 잡은 것이죠. 이 주장은 지금도 그리스도교 종교계에서 버젓이 살아있어요.

기독교에서는 지구를 평가하기를 인간을 위해 신이 지구를 창조하여 선물한 것으로 보는 게 정통적인 견해입니다. 17세기 당시의 교회는 갈릴레이의 지동설로 타격을 입었지만, 과학을 종교와 무관하게 독립적으로 연구하는 것을 허락하지 않았어요. 지구학 또는 지질학 연구도 성경에 어긋나게 해서는 안 된다는 압박이 굉장했지요. 그러나 18세기에 접어들자 교회의 절대 권위에 도전하는 학자들이 늘어나기 시작했어요. 조르주 뷔퐁(1707~1788, 프랑스)은 과학 연구와 기독교 신앙을 분리하여, 이전과는 전혀 다르게 신학을 과학 연구의 영역 바깥으로 밀어내고 말았죠. 뷔퐁은 지구가 태양에서부터 튕겨 나온 물질로 탄생했다고 주장했어요. 즉 태양과 혜성의 충돌이 지구를 탄생시킨 것으로 보았어요. 뷔퐁은 아이작 뉴턴의 프린키피아 책에서 힌트를 얻고 자신이 직접 실험하고 계산한 철 구슬 연구로 지구 나이를 7만 5천 년으로 추정했습니다(아이작 뉴턴은 지구 나이를 5만 년 정도로 계산함). 찰스 다윈이 진화론을 구상할 때 사용한 기본 아이디어는 뷔퐁이 제공한 거예요. 1749년『박물지』3권이 처음 간행되고, 마지막으로 사후 유작으로 1804년에『박물지』최후 44권째가 출판되어요. 뷔퐁의 대표 저작인『박물지』는 드니 디드로(1713~1784, 프랑스)의 과학적 유물론에 따른 새로운 지식 (이성의 빛) 전파 매체인『백과전서』와 함께 유럽 계몽사상의 주춧돌로 손꼽힙니다(『백과전서』는 디드로, 볼테르, 몽테스키외, 루소, 달랑베르 등 140명 남짓의 저명한 계몽주의 사상가들이 1751년부터 1772년까지 본권 17권, 도판본 11권, 총 28권으로 완성함. 원제목은『백과전서 또는 과학, 예술, 직업의 체계적 사전』임.).

18세기 말에는 제임스 허튼(1726~1797, 영국)이 등장하여 1788년에 『지구의 이론』이라는 책을 펴냅니다. 그는 이 책에서 땅의 침식과 퇴적이 지표 모양에 영향을 주었다는 '동일과정설'을 주장해요. 당시 대부분 사람은 기독교 성경에 따라 '격변설(노아의 홍수와 같은 갑작스러운 재앙으로 오늘의 세상이 만들어졌다고 봄)'을 믿었어요. 말하자면 인간의 죄를 심판하고 지구를 탄생시키고 대륙을 가르는 일까지 신이 관여하는 걸로 해석하는 것이지요. 1858년에 안토니오 스니데르 펠

리그리니(프랑스, 지리학자)는『창조, 신비함의 해석』이라는 저작에서 노아의 홍수가 지구 대륙을 갈랐다고 설명하는가 하면, 북아메리카 대륙과 유럽 대륙의 석탄층에서 동일한 식물 화석이 산출됨은 과거 두 대륙의 통일성을 보이는 것으로 설명하기도 했어요.

1885년에 에두아르드 쥐스는 멀리 떨어진 대륙에서 같은 화석이 발견되는 것은, 과거에 대륙이 붙어 있었기 때문이라고 주장합니다. 1908년에 미국의 지질학자 토머스 테일러는 대륙 지각이 해양 지각 위에 떠다닌다는 가설을 발표합니다. 대륙이 뗏목처럼 떠다닌다니요, 후후후 당시 아무도 믿지 않았어요. 1912년에 알프레트 베게너(1880~1930, 독일)는 '대륙이동설'을 논문으로 발표합니다. 「지각의 거시적 모양의 진화에 대한 지구물리학적 기초」라는 제목의 논문인데, 당시 지질학자들은 어처구니없는 주장에 다들 콧방귀를 뀌었죠. 베게너는 남아메리카와 아프리카에서 같은 달팽이가 발견되는데, 이것은 달팽이가 아니라 대륙이 이동한 것이라고 확신했던 것이죠. 그는 이후 자료를 보강하고 탐험을 거듭하여 1915년에『대륙과 해양의 기원』이라는 책을 출판합니다.

오늘날은 과학적으로 지구 나이를 45억 년으로 보고 있어요.

인류는 왜 지구에서 살게 되었을까요? 이것은 우연일까요, 필연일까요? 옛날부터 과학자들은 행성에 생명체가 살게 되는 조건을 탐색했어요. 행성은 공전의 중심인 항성(태양)으로부터 너무 멀면

추워서 생명체가 살 수 없고 너무 가까우면 뜨거워서 생명체가 살 수 없고 또한 주위에 대기층이 유지될 만큼 질량이 충분히 커야 하고, 대기 자체도 형성되어야 한다고 보았어요. 지구의 달처럼 위성이 가까이 존재해서 유성이나 소행성 등이 행성을 비껴가도록 끌어당길 수 있어야 해요. 가장 결정적으로는 생명에 치명적인 태양풍을 자체적으로 차단할 수 있는 자기장을 가져야 합니다. 오늘날 현재 오직 지구만이 이 조건을 충족하고 있어요.

참고로 말한다면, 달의 표면 온도는 낮에는 110도 밤에는 영하 170도에 이릅니다. 우주의 온도는 영하 270도 정도라고 합니다.

<과학 스케치 65>
기독교 과학의 절대 권위
- 아리스토텔레스

조르다노 브루노(1548~1600, 이탈리아)는 가톨릭교회의 권한 부정과 신에 대한 불경으로 1600년에 로마에서 공개적인 화형식을 당합니다. 그는 코페르니쿠스가 제기한 태양중심설도 훌쩍 넘어섰어요. 또한 브루노는 당대 천동설과 지동설이 그나마 일치를 본 '우주는 유한하다'라는 세계관조차 정면으로 반대했어요. 1584년에 브루노는 『무한한 우주와 무한한 세계에 관하여』 책을 출판합니다. 그의 신념에 따르면 '우주는 무한'한 것이었어요. 세상의 중심이 지금처럼 결코 지구 또는 태양이라는 작은 테두리에 갇혀서는 안 된다고 주장했지요. 한마디로 브루노는 지구 중심의 전통 천문학을, 가톨릭 전통 교리를 적극적으로 거부했습니다.

그는 우주가 무한하다고 함으로써 신의 권능과 영광이 한계를 넘어 무한으로 확장되는 것이라는 종교 신념을 굳게 가졌어요. 그 럴 수 있어요. 이해가 가요. 그런데 이것은 당대의 보편적 상식이던 '신은 (오로지) 지구와 인간을 사랑한다'라는 신의 권능과 교회 권위 에 정면으로 충돌하는 것이었죠. 우주가 무한하다면 신이 있을 장 소마저 마땅치 않거든요. 그러면 이것들은 신에 대한 불경이 틀림 없었어요. 신을 쫓아내는 것이니까요. 기독교가 신의 권위로 인정 한 아리스토텔레스 사상을 브루노는 극구 부정하고 반대한 것입니 다. 당시 브루노의 말을 직접 들어볼까요.

"우주는 무한하게 퍼져 있고 태양은 그중 하나의 항성에 불과하며, 수많은 항성은 각각의 지구를 거느리고 있다."

　　　　　　　　　　- 『무한한 우주와 무한한 세계에 관하여』(1584년) 중에서

조르다노 브루노는 놀랍게도 현대 과학을 예상하는 이론들을 다수 제시했는데(대표적으로는 '무한우주론'), 당대 16세기는 정통의 가톨 릭교회와 프로테스탄트 개신교회가 유럽의 기독교 신앙을 독점하 기 위해 복음 전쟁을 치열하게 전개하는 와중이었어요. 즉 가톨릭 교회가 더욱 엄격하게 아리스토텔레스 사상과 스콜라 철학을 힘 껏 밀어붙이던 시기라서 마녀사냥과 이단 논쟁이 불을 뿜고 있었 던 상황이었지요. 그래요. 브루노는 시대 운이 정말로 지독하게 나

빴던 거죠(대조적으로 시대 운이 가장 좋았던 경우는 마르틴 루터-1483~1546, 독일-라고 할 수 있음. 1517년 10월 31일-오늘날 개신 기독교에서 종교 개혁 기념일로 삼음, '할로윈데이' 참조-에 그가 면죄부 판매를 비판하는 대자보를 비텐베르크 교회 정문에 붙여 종교 개혁을 촉발했을 때 인쇄술의 발달로 대자보가 금세 곧바로 활자로 인쇄되어 독일 전역을 돌았고 두 달 후에는 유럽 전역에 퍼져나갔음. 게다가 장 칼뱅-1509~1564, 프랑스-등의 가톨릭 개혁 지원 세력이 역사 무대에 무작위로 쏟아지기 시작함.).

우여곡절 끝에 결국 교회의 탄압을 받게 되자 브루노는 무한한 우주를 창조할 만큼 신은 위대하다고 항변했어요. 그는 자신이야 말로 진정으로 신을 사랑하고 교회를 존경하노라고 변호했지요. 그 말은 진정 참말이라고 생각됩니다만, 어쨌든 브루노는 처형당했고 그로부터 379년 뒤인 서기 1979년에 교황청에서 그의 사형 판결을 취소한다고 발표합니다. 그리고 서기 2000년에는 브루노 처형 400주년을 맞아 가톨릭 교황이 그의 사형 선고와 집행에 대해 직접 사과를 하는 것으로 대단원의 막을 내리게 되어요.

수많은 과학자로 구성된 현대판 브루노가 묻습니다. "지구가 우주의 중심이며 우주가 단 하나밖에 없다는 가설은 잘못입니다. 그렇지 않나요?"

<과학 스케치 66>
갈바니와 동물 전기

루이지 갈바니(1737~1798, 이탈리아)는 개구리 실험으로 유명한 과학자입니다. 그가 일으킨 10년 동안의 개구리 해부 실험은 유럽의 개구리를 동낼 정도로 굉장했어요(오랫동안 한국의 학교에서 과학 실험에 개구리 해부가 등장함). 그는 1771년에 개구리 뒷다리에서 발견한 전기 현상으로 '동물 전기' 이론을 펼쳤어요. 떼어낸 개구리 다리에 전류를 통하면 경련을 일으켰죠. 그의 조카인 물리학자이자 의사인 조반니 알디니는 1803년에 전기를 이용하여 죽은 사람을 살리려고까지 했어요. 광기의 과학자는 대중 앞에서 공개 실험까지 감행했지요. 이 장면들은 1818년에 메리 셸리(1797~1851, 영국, 아버지 윌리엄 고드윈이 조반니 알디니의 친구임)가 집필한 『프랑켄슈타인』 소설책에 영감으로 스며들었습니다마는. 그러고 보면 소설에 등장하는 괴물의 창조주인 과학자는 조반니 알디니가 틀림없겠고, 그 괴물의 원형은 그의 전기 실험 대상이 되었던 사형수 조지 포스터가 아닐까 해요. 화학자 프랑켄슈타인('생명의 원리'에 집착하여 스스로 조물주가 됨)은 과학의 권능을 통해 신이 되고자 했던 인간을 표상한다고 보면 됩니다(신경의 전기 화학적 작용은 1930년대에 이르면 완전히 밝혀짐).

전기는 지금 '산업의 공기'라는 별명을 가지고 있죠. 사람이 공기가 없으면 숨을 쉴 수 없는 것처럼 산업은 전기가 없으면 움직일 수가 없어서 그래요. 갈바니는 동물에게서 전기를 발견한 최초의 해부학자입니다. 과학 세계의 기기묘묘한 노력이 누적되어, 인간 세계가 미세한 전류를 근육에 전달하는 '물리치료'라는 의료 행위 일부를, 아닌 게 아니라 세계적으로 낳게 했다고 할 수 있겠는데요.

<과학 스케치 67>
마음이란 무엇일까

르네 데카르트(1596~1650, 프랑스)는 '마음'을 육체와 영혼의 연결 고리라고 생각했어요. 그에 따르면 동물은 영혼이 없는 순전한 육체이며, 그것은 기계와 동일한 것이었죠. 그는 인간의 몸조차 역시 기계와 같은 원리로 작동되는 것이라고 보았어요. 당대에 파리에서 유명했던 자동인형 장치를 보고 철학적 깨달음을 얻어 아마도 그렇게 되었을 테죠. 신체 시스템을 기계적 모델에 따라 설명할 수 있는 길이 여러 분야에서 동시에 활짝 열렸습니다. 철학이나 과학 그리고 의료 계통 등에서 천천히 확고하게 기계론적 세계관이 확립되어 나가기 시작했어요.

중세 시대 내내 과학의 신으로 추앙받던 아리스토텔레스(서기전 384~322, 그리스)는 마음이 심장에 있다고 주장했어요. 돌아보면 동서고금 없이 사람들은 누구나 그렇게 믿었어요. 오랫동안 모두 그렇게 믿어왔지요. 지금도 사람들은 본능적으로 뇌는 차갑게 이성을, 심장은 뜨겁게 감성을 담당한다고 생각합니다. 그러나 오늘날 뇌과학자들은 '인간의 마음이 무엇일까?' - 여기에 이렇게 답을 합니다. 마음은 영혼에 깃든 게 아니라 뇌에 있는 수많은 뉴런과 시냅스의 연결 활동 결과라고요. 말하자면 마음은 두뇌 활동의 현상입니다. 이성과 감성 즉 마음이 뇌에 있습니다. 과학적으로 볼 때 인간의 정신이나 마음은 심장이 아니라 두뇌와 연결되어 있거든요.

가장 근본적인 것은 단순할 것이라는 믿음이 '환원주의'를 낳습니다. 전통적으로 유럽의 지성계는 어떤 대상을 이해하기 위해서 그 구성물을 잘게 쪼개어서 그 성질을 규명했지요. 1932년에 덴마크에서 처음 등장한 '레고 놀이'는 환원주의의 대명사라고 해도 좋아요. 이 플라스틱 블록은 몇 가지의 단순한 기본 브릭으로 구성되어 세상에 만들지 못하는 것이 없어요.

우리가 사는 세상도 레고 세상과 같아요. 가령 물을 쪼개면 물분자가 되고 물 분자를 쪼개면 산소 원자와 수소 원자가 돼요. 원자를 쪼개면 원자핵과 전자로 나누어져요. 원자핵은 양성자와 중성자로 구성되었고요. 최근 물리학 이론으로는 더 쪼개지는데 이것들은 '쿼크'라고 불려요. 말하자면 기본 입자 쿼크는 레고의 기본 브릭과 같습니다. 이게 '환원주의'입니다. 서구 과학과 지성의 근본 토대가 바로 '환원주의'이지요. '원자론'은 환원주의를 대표하

환원주의의 대명사, 레고

는 것이라고 할 수 있습니다.

　환원주의는 서구 과학의 가장 중요한 방법론적 특징입니다. 그들은 오늘까지 환원의 시각으로 자연현상과 사회현상 그리고 인간의 심리까지 철저히 분석하고 탐구해왔습니다.

<과학 스케치 68>
온실 기체와 탄소 발자국

온실 기체는 지구의 온실 효과를 일으키는 기체들입니다. 지구의 에너지원인 태양은 파장이 짧고 에너지가 높은 전자기파(자외선, 가시광선)를 내놓아요. 그런데 지구가 태양열을 받기만 하면 금세 뜨거워질 것이므로 지구 역시 태양으로부터 받은 열을 우주 밖으로 내보내죠. 그래야 지구 평균 온도가 일정할 테니까요. 이때 지구가 내보내는 전자기파(적외선)는 파장이 길고 에너지가 낮아요.

온실 기체로는 대표적으로 이산화탄소, 메테인 등이 있지만 사실 지구 온실 효과에 가장 많은 영향을 미치는 것은 바로 '수증기(H_2O)'입니다. 그러나 수증기는 온실 기체에 포함되지 않고 구름과 바닷물을 오가는 물 순환의 일환이며, 말하자면 수증기는 지구의 자연적인 온실 효과를 감당하는데요. 그런데 만약 이 같은 자연 작용이 없었다면(온실 효과의 도움이 없는 탓이라면) 지구는 대기가 없는 달처럼 평균 온도가 순식간에 영하권으로 떨어졌겠죠. 그러나 실제로는 온실 기체가 지구에서 우주로 날아가는 태양열을 가두어 지구에서 사람들이 그럭저럭 살 수 있도록 만들어주는 역할을 해요. 지구에 온실 기체가 없었다면 지구는 태양계의 다른 행성들처럼 얼음덩이 공간이 되었을지도 모를 일입니다. 그러고 보면 그동안의 자연 착취를 반성하는, 과유불급의 태도가 지구와 인간을 동시에 살리는 유일한 길이 아닐 수 없습니다.

오늘날 기후 이상 변화의 주범은 누구일까요? 맞아요, 바로 우리 인간입니다. 이 범인은 범행 현장에 흔적을 남기는데, 이를 '탄소 발자국'이라고 하죠. 탄소 발자국은 2006년에 영국에서 처음 제안한 용어로서, 인간이 개인으로 또는 단체로 활동하는 과정에서 발생하는 이산화탄소의 총량을 말해요. 말하자면 우리는 살아가는 매 순간에 푸른 지구에 탄소 발자국을 쿡쿡 찍는 것이죠. 현대인의 일상생활은 그 자체가 바로 탄소 발자국을 찍는 일의 연속이지요.

그렇다면 '탄소 중립'이란 무엇일까요. 이것은 배출한 만큼의 이산화탄소를 다시 흡수해서 탄소의 실질적 배출량을 0으로 만든다는 전략입니다. '넷제로' 또는 '탄소제로'라고도 하지요.

한편 인간의 역사는 석기 시대, 청동기 시대, 철기 시대를 거쳐 지금은 플라스틱 시대입니다. 플라스틱은 1980년대에 전 지구적으로 일반화된 고분자 화합물이죠. 플라스틱은 열이나 압력을 가해 원하는 모양으로 쉽게 가공할 수 있어요. 고분자는 1만 개 이상의 분자가 결합한 물질을 가리켜요. 플라스틱은 그리스어 'plastikos(주조)'에서 이름을 따왔죠. 플라스틱 성분에 자주 붙는 '폴리(poly)'는 '많은'이라는 뜻으로 플라스틱과 참 잘 어울립니다.

플라스틱은 수많은 분자를 어떻게 결합하느냐에 따라 쇠붙이보다 더 단단하거나 유리처럼 투명하기도 하고 기타 기기묘묘한 모양과 성질을 가진 제품들을 마음껏 그리고 양껏 만들어낼 수 있어요. 지금은 명실상부 '플라스틱 시대'가 맞습니다.

플라스틱의 단점(장점이 아님)은 잘 썩지 않는다는 거예요. 그 까닭은 플라스틱이 고분자 화합물이기 때문인데, 분자의 결합이 복잡하게 얽혀 있을수록 분자들이 끊어지고 흩어지고 썩는 것에 유독 시간과 에너지가 많이 소요될 수밖에 없어요. 기하급수적으로 늘어나는 플라스틱 쓰레기는 햇빛과 바람을 받고 바닷물에 깎여 미세 플라스틱이 됩니다. 사실 미세 플라스틱은 '코로나 바이러스'보다 더 무서운 존재가 되어 머지않아 우리 앞에 대재앙처럼 다가올 것이 틀림없어요. 지금 우리는 그걸 못 본 체할 뿐이에요. 플라스틱 사용 규제에 전 지구인이 함께 나서야 합니다.

<과학 스케치 69>
플라톤과 아리스토텔레스의
권력 다툼

플라톤(서기전 427~347, 그리스)은 우주 삼라만상을 기하학적으로 해석하려고 했어요. 그리스 기하학에 큰 영향을 끼쳤죠. 그런데 그리스 시대에 만물의 근원(아르케)을 캐는 일에 처음 불을 붙인 이가 탈레스(서기전 624~546, 그리스)입니다. 그는 만물의 근원을 '물'이라고 했어요. 서양에서 아르케 탐구에 첫발을 디딘 그는 '철학의 아버지'가 됩니다. 이후 아르케를 두고 '불이다, 숫자다, 기하다, 원자다, 이데아다, 신이다, 원이다, 지식이다' 하며 다양한 논의와 주장이 쏟아지기 시작했어요. 따지고 보면 '아르케'는 결국 '보편성'의 탐구이자 추구였습니다. 플라톤이 제시한 철인 왕이 그리스도로 현재화하는 것으로 중세 종교 지배 시대가 시작되었어요. 유럽 대륙이 한마음으로 발견한 아르케는 마침내 가톨릭교회이자 인간에 대한 보편 사랑으로 정착되었던 것이죠.

가톨릭교회의 신의 섭리와 인간 사랑은 그리스 시대 플라톤의 생각과 사유 체계를 끌어들여 더욱 정교화되고 공고화되어 갔어요. 중세 신앙 시대가 곧장 천년을 이어갑니다. 중세 초기와 중기에는 플라톤 사상이 득세하여 그 힘으로 기독교 왕국을 안정적으로 다졌다면, 중세 후기와 르네상스기에는 난데없이 아리스토텔레스 열풍이 강하게 불어 당대 지식인들의 이목을 집중하게 하였어요. 스승 플라톤과는 달리 감각 경험을 중시한 아리스토텔레스(서기전 384~322, 그리스)는 스콜라('스쿨-학교'의 어원) 철학을 집대성하게 하였고, 기독교 지식인의 가장 위대한 전범으로 우뚝 섰어요. 신학이나 과학의 근거가 그로부터 유추되고 그로부터 싹을 틔워 발전되어 갔어요. 말하자면 아리스토텔레스는 단숨에 중세 시대 가톨릭교회의 절대적인 지적 권위가 되었어요. 그러므로 교회 측이 절대 지식의 화수분으로 공인한 아리스토텔레스 철학에 반발하고 도전하는 것으로 과학 혁명의 불길이 크게 일어날 수밖에 없었죠.

아리스토텔레스는 스승 플라톤의 뜻을 이어받아 천상계와 지상계를 명확히 이분화하였고, 천상계는 신이 거주하는 영원불멸의 세계이며 가장 완전한 운동인 원운동을 스스로 하는 '에테르' 세상이라고 했어요. 물론 인간이 사는 지상계는 '물, 불, 공기, 흙'의 4원소로 가득 찬 불완전한 세상이라고 하는 걸 잊지 않았을 테죠.

물체의 움직임은 자연의 본성에 따른다는 아리스토텔레스의 운동론은 기독교적 세계관과 일치하여 가톨릭교회의 전폭적인 지지를 얻어냅니다. 그가 말하는 물체의 자연적 운동은 목적론적 세계관을 잘 보여주는데, 신의 섭리를 상기한다면 이것은 저절로 탁월한 기독교 호교론이 될 터입니다. 여기서 물체가 그 본성을 찾아가는 과정은 목적을 향해 나아가는 과정으로 볼 수 있고, 이것은 곧 신의 구원과 연결되어 있죠. 아리스토텔레스 사상은 중세 2,000년의 기독교 신앙을 지켜주고 강화해준 고마운 지식입니다. 중세 시대에 아리스토텔레스는 저절로 절대 지식 그 자체가 되어버릴 수밖에 없었어요.

기독교의 목적론적 세계관과 아리스토텔레스의 철학은 상부상조하여 유럽 제일의 절대 지식이 되었는데, 르네상스를 전후하여 아리스토텔레스의 절대 지식 체계에 회의하고 반발하고 도전하는 흐름이 만들어지면서 과학 혁명이 시작됩니다. 과학 혁명의 기간은 정확히 말해 1543년 코페르니쿠스의 『천구의 회전에 관하여』 책의 발간에서부터 1687년 아이작 뉴턴의 『자연 철학의 수학적 원리』 책 출판까지의 140여 년이라고 할 수 있습니다.

아리스토텔레스가 언급한 지구 중심의 천체관은 프톨레마이오스(서기 100년~170년, 로마제국)에 의해 꼼꼼하게 수학적으로 천문학적으로 다듬어집니다. 그는 서기 140년경에 『알마게스트』 책을 출판하는데, 이 책이 17세기 초반까지 유럽에서 천문학과 수리 과학의 유일무이 길잡이 역할을 해요. 기독교와 프톨레마이오스는 합세하여 지구중심설을 뒷받침하기 위해 절치부심하는데, '태양의 움직임을 멈추라(낮은 길고 밤은 짧은 자연현상을 설명함)'라는 신의 명령을 성경에서 찾아 인용하기까지 하지요. 그런데 수학에 조예가 있던 코페르니쿠스(1473~1543, 폴란드)가 이 책을 연구한 끝에 프톨레마이오스 이론, 즉 기독교 천체관, 달리 말해 아리스토텔레스의 오류를 직감적으로 찾아냈던 게지요.

프톨레마이오스 천문학은 지구가 우주의 중심에 있고, 달과 수성, 금성, 태양, 화성, 목성, 토성이 지구 주위를 나란히 원을 그리며 돌고 있는 것이에요. 그런데 세월이 흐르며 실제 관측 결과가 체계와 잘 맞지 않는 부분이 누적되면서 자꾸 수정하고 첨가하는 바람에 프톨레마이오스 천체 그림은 누더기처럼 복잡하고 더러워져 갔어요. 코페르니쿠스가 봤을 때 천체 회전운동의 중심 역할을 하는 주전원이 이미 너무 많아서 그가 주전원 몇 개를 없애서 개수를 확 줄였고, 결정적으로는 코페르니쿠스가 프톨레마이오스 발상이나 아리스토텔레스 사상이나 로마가톨릭교회의 신앙과는 달리 전혀 엉뚱하게도 지구와 태양의 위치를 서로 바꾸어버렸던 것이죠. 이것으로 인해 천체 물리학은 기독교 신앙의 버팀목인 지구중심설을 버리고 자동으로 태양중심설로 전환되었어요. 지구가 우주의 중심에서 변방으로 밀려났어요. 동시에 인간이 지구의 중심에서 가장자리로 쫓겨났어요. 신의 거주지는 지구에서 태양으로 자동으로 이사 가게 되었어요. 그런데 이것은 놀랍게도 인간이 신을 밀어내고 절대자 자리를 차지한 격이 되었다고 할 수 있는데요. 비유한다면 인간과 신의 자리바꿈은 지구와 태양의 자리바꿈과 동격입니다. 코페르니쿠스의 하찮으나 치밀한 수학 계산 끝에 나온 이 결과가 '과학 혁명'을 일으키는 불화살이 되고 말았습니다.

역사적 사실을 말한다면 코페르니쿠스는 교회가 무서워서 사후에 책이 출간되기를 희망했고 그것은 그대로 실현되었어요. 코페르니쿠스가 죽은 직후 1543년에 『천구의 회전에 관하여』 책이 출판됩니다.

<과학 스케치 70>
코페르니쿠스적 전환

사고방식이나 견해가 종래와는 달리 크게 변함을 뜻하며, 임마누엘 칸트(1724~1804, 독일)가 자신의 저서 『순수 이성 비판』에서 처음 언급했어요. 이것은 칸트가 쓴 비유적 표현인데 코페르니쿠스의 지동설이 합당함을 에둘러 언급하며 자신이 새로 발명한 철학적 견해를 '코페르니쿠스적 전환'에 버금가는 위력을 가지고 있다는 자부심과 과시욕의 발현이라고 할 수 있어요.

서양 철학사에서 '칸트 이전의 모든 철학은 칸트로 흘러 들어가고 이후의 모든 철학은 칸트에게서 나온다'라는 평을 듣는 칸트는 위대한 철학자랍니다. 그는 인간을 객체가 아니라 주체의 자리에 흔쾌히 놓았으며, 이로써 칸트의 철학은 인간 이성과 그 주관성을 절대화하였다고 할 수 있어요. 인간 이성의 힘이 대상의 가치보다

임마누엘 칸트(1724~1804)

절대적으로 중요하다는 게 칸트 철학의 요체입니다. 단언컨대 칸
트 철학은 백인 제일주의자와 남성 절대주의자와 인종차별주의자
의 가장 든든한 철학적 배경이 되지 않았을까요.

⟨과학 스케치 기⟩
기후 위기와 에어컨

극단적 기후 변화가 잇따르고 가혹한 무더위가 기승을 부리는 가운데 에어컨은 현대인에게 꼭 필요한 생활 기술이 되었습니다. 아니 에어컨은 하나의 가전제품을 넘어 생활필수품이 되고 말았어요. 그런데 에어컨은 놀랍게도 지금과 같은 기후 위기에 커다란 악영향을 미쳐요. 20세기 초에 미국의 공학자 윌리스 캐리어(1876~1950)가 발명한 에어컨은 인간의 삶을 획기적으로 개선한 신의 선물 같은 것이었죠. 하나둘 지구 위에 많아지는 에어컨 기계들 더미 속에 심각한 기후 위기가 숨어있을 줄은 예전에는 미처 몰랐겠지요. 오늘날 지구 사회에서는 화석연료 사용이 끝 간 데를 모르고 폭발적으로 점점 늘어나고 있어요. 게다가 지금 에어컨 냉매제로 보통 쓰는 수소불화탄소(HFCs -이것으로 기존 '프레온 가스'를 대체함)는 이산화탄소보다 수천 배 강한 온실 효과를 냅니다.

에어컨 없이는 살 수 없는 시대입니다. 선풍기에도 감지덕지하며 보낸 옛날 여름날들이 꿈결같이 아련합니다. 통계상으로 볼 때 서울에 가구당 1대의 에어컨이 있으나, 실제적으로는 열 가구 중 서너 가구는 에어컨 없이 여름을 보내고 있어요. 기후 위기 탓에 에어컨 사용이 폭발적으로 늘어나고 또 그것 때문에 기후 위기가 가속화하고 있어요. '살려고 살다 보니까 죽게 되더라'는 이 모순을 어찌하오리까. 꼬리에 꼬리를 무는 이 딜레마를 어떻게 풀어가야 할까요?

기후 변화와 이상 기후는 바이러스의 자연 숙주인 박쥐들을 지역적으로 이동시켜 크게 퍼뜨리는데, 이것 때문에 코로나19 같은 무서운 전염병이 인류를 또 한 차례씩 습격할 거라는 공포의 시나리오가 예상되기도 하지요. 게다가 인간의 가장 가까운 적 모기마저 서식지가 확장 이전되면서 인류의 보건 생활에 커다란 위협이 되는 현실이 악화일로로 거듭나고 있지요. 아아 해를 거듭할수록 기후 변화와 이상 기후는 거침없이 더욱 심각해질 따름입니다. 현대인들 모두에게 충무공 같은 '사즉생, 생즉사'의 철학이 사무쳐지는 오늘입니다.

<과학 스케치 72>
작은 것보다 더 작은 세계가 있다
- 양자물리학

양자물리학은 원자보다 크기가 작은 아주 미세한 것을 다루는 경이로운 학문입니다. 이것은 원자가 어떻게 작동하는지, 그래서 화학과 생물학이 어떻게 가능한지를 학문적으로 설명해주지요. 인터넷이나 레이저부터 MRI 촬영이나 원자력 발전에 이르기까지 현대인의 생활에서 많은 부분이 양자물리학에 의존하고 있고 또 양자 현상을 이용하고 있습니다.

양자물리학은 입자에서 전통의 개념을 버리고 이것을 작은 파동으로 보는데, 곧 '양자'라고 하는 크기가 일정한 에너지의 분출로 보는 것이죠. 파동인 동시에 입자인 빛의 이중성이 다른 입자에도 적용된다는 깨달음이 양자물리학을 탄생시킵니다. 입자의 전통 개념에 해당하는 작은 물질 덩어리와 달리 양자물리학에서는 전자를 파동함수로 표현합니다. 파동함수는 공간에서 일정한 위치를 차지하지 않아요. 다만 전자가 있는 위치 또는 전자가 존재할 가능성이 있는 영역을 '확률분포'라는 수학 용어로 드러낼 뿐이에요.

입자를 파동함수로 본다면 입자는 동시에 두 곳에 존재할 수 있어요. 그러나 파동함수에서 고정된 상태로 이동하는 것을 '파동함수의 붕괴'라고 하는데, 이것을 설명할 길은 없어요. 양자 차원에서 입자는 동시에 두 곳에 있을 수 있고 동시에 두 방향으로 회전할 수 있고 보기에 따라 빛보다 빠르게 반응할 수도 있어요. '끈 이론'은 입자를 작은 고리 모양의 끈이 서로 다른 유형의 진동으로 보려는 것으로서 양자물리학의 새로운 전개 방향이지요. 끈 이론의 끈은 진동하는 방식에 따라 다른 입자를 생성해요. 수학적으로 유용성이 입증된 끈 이론은 중력을 통합할 가능성도 있어 물리학자들의 많은 주목을 받았습니다. 그것이 한 걸음 더 나아가서 '초끈 이론'이라는 최신의 물리학 이론이 되어 오늘도 연구자들의 눈길을 사로잡고 있는데, 문제는 이 '끈 이론'이 작동하려면 우주가 10차원을 가져야 한다는 것입니다. 그런 까닭에 이것이 우주에 작동하는 모든 힘을 하나로 모으는 '대통일장이론'이 되기에는 그 가능성이 별로예요.

<과학 스케치 73>
유산소운동과 무산소 운동

산소가 없으면 살 수 없지만, 활성산소를 생각하면 산소가 너무 많아도 좋지 않아요. 정상 호흡 과정에서 약 95%의 산소는 에너지를 만드는 데 사용되고, 나머지 5% 정도가 활성산소(주변 물질과 쉽게 반응하는 매우 불안정한 산소 분자·인체에 해를 끼침)를 생산하게 되지요. 그런데 활성산소는 안정적인 산소와는 다르게 화학적 반응 활성이 크므로 생물학적으로 독 활성을 보입니다. '활성산소'는 생체 조직을 공격하고 세포를 손상하는 산화력이 강한 산소를 일컫는데, 적당량이라면 세균이나 바이러스로부터 몸을 보호하는 좋은 역할을 합니다. 그러나 이것이 체내에서 적정치를 넘어서면 정상 세포까지 무차별 공격해서 각종 질병과 노화의 주범이 되지요.

어떤 원소든지 산소와의 결합 에너지가 큰데, 쇠붙이의 겉에 잘 생기는 녹(산화철)을 비롯하여 산소와 결합한 화합물(CO_2, H_2O 등)이 만들어지기 쉬운 게 바로 이 때문이지요. 우리 몸속에는 진짜 산소 분자는 아니지만 반응성이 높은 산소를 함유한 화합물이 있는데 이를 '활성산소'라 해요. 활성산소는 양이 적지만 반응성이 높아서 몸속 성분에 작용하면 건강에 악영향을 끼칩니다. 심하게는 암 발생의 원인이 되기도 해요. 그래 '산화방지제'라는 것이 있는데, 이것은 활성산소가 몸에 작용하기 전에 빠르게 작용해서 활성을 없애는 역할을 하지요. 등 푸른 생선이나 적포도주에서 많이 들어있는 '불포화지방산'이 그것입니다.

활성산소는 대부분 음식물을 섭취해 에너지로 바꾸는 신진대사 과정에서 생기는데, 다행히도 우리 몸에는 활성산소를 해가 없는 물질로 바꿔주는 효소인 '항산화 효소'가 있어서 활성산소의 무한한 증가를 막습니다. 그리고 항산화 효소 외에 우리가 활성산소의 무차별 발생을 억제하려면 각종 해산물이나 양배추 당근 등의 채소 음식을 섭취하는 것이 좋다고 해요.

'유산소운동'은 근육에 대한 부하가 비교적 가볍고 장시간 지속해서 행할 수 있는 운동을 통틀어 가리킵니다. 왜냐하면 '유산소운동'은 근육을 움직이는 에너지로 체내에서 혈당이나 지방과 함께 '산소'가 사용되는 까닭에 그런 이름이 붙었어요. 유산소운동을 시작하면 우선 간이나 골격근에 저장된 글리코겐(당질)이 이산화탄소와 물로 분해되고 그 과정에서 생성된 ATP(에너지)가 근육을 움직이는 에너지원이 되어요. 그러나 운동을 더 오래 하려면 다른 에너지원이 필요한데, 이것이 바로 체지방이며 체지방은 분해될 때 다량의 산소를 발생시킵니다. 유산소운동의 가장 대표적인 종목은 '걷기'입니다. 이외에도 수영, 에어로빅댄스, 달리기, 자전거 타기, 계단 오르내리기 등이 있어요.

'무산소 운동'은 산소의 도움 없이 하는 운동으로 단시간에 폭발적인 에너지를 사용한다는 특징이 있어요. 단거리 달리기, 테니스 서브, 역기 들기, 잠수, 씨름, 팔굽혀펴기 등이 여기에 해당해요. 이것은 순간적으로 근력을 발휘하는 강도가 높은 운동입니다. 유산소운동의 경우 주로 지방을 분해해서 에너지(ATP)를 얻는 반면, 무산소 운동은 글리코겐(당질)을 사용해서 에너지를 얻어요. 그러나 글리코겐은 고갈되는 속도가 빨라서 체력 강도가 큰 운동에 적합하지요. '무산소 운동'은 순간적으로 힘을 쓰고 한꺼번에 에너지 소비가 많은 만큼 운동에 바치는 시간이 턱없이 짧은 게 특징이에요.

\<과학 스케치 74\>
지구에서 가장 큰 대왕고래(힌긴수염고래) – 원자는 어떻게 결합할까

원자는 결합해야 물질이 됩니다. 물질은 원자들의 집합인데, 원자는 인력으로 결합합니다. 원자끼리의 인력이 작용하여 물질을 빚습니다. 원자들은 물리적으로 가까워지면 서로 인력을 느끼는데, 아무 방해 없이 서로가 손을 잡을 때 원자 결합이 이루어집니다. 이것은 한 원자 안에서 '양성자-전자'의 인력은 최대가 되고, 두 원자 사이에서 '전자-전자'의 반발력이 최소가 되었다는 뜻이에요. 그런데 원자끼리 결합을 하면 전자의 교환이 그 즉시 이루어집니다. 그런 까닭에 원자의 특성을 잘 살펴보면(말하자면 원자가 금속으로 분류되는지, 비금속으로 분류되는지 분석 등) 물질의 성분이 드러나게 됩니다. 금속은 빛을 반사하기 때문에 대체로 번쩍거리고 광택이 나요. 또 금속은 훌륭한 전기 전도체이며 모양 변형이 자유롭지요. 금속을 통해 전자가 아주 빠르게, 거의 저항 없이 이동할 수 있어요. 달리 말해 금속은 전자를 다른 원자에 주는 것을 좋아해요. 그러나 금속은 전자를 얻게 만드는 결합을 형성하는 것을 좋아하지는 않아요.

그러나 비금속은 색깔이 대체로 불투명하고 칙칙하고 열과 전기 전도성이 낮습니다. 까닭에 비금속 안에서 전자가 이동하는 것은 대체로 불가능하고, 수많은 비금속이 화학 반응을 하지 않지요. 우주의 99%는 비금속인 수소와 헬륨으로 구성되어 있고요, 인간 생존에 필요한 산소 또한 비금속입니다. 그런데 원소 주기율표를 보면 금속의 숫자가 비금속보다 5배 이상 많아요. 현재 알려진 118종의 원소 가운데 96종의 원소가 금속으로 분류되지요. 참 신기한 일입니다. 게다가 비금속의 가장 흥미로운 점은 화학 반응 없이 대체로 안정적인데, 반면에 어떤 것들은 화학 반응성이 엄청나게 높다는 것이에요.

화학 결합은 두 종류가 있습니다. 하나는 공유 결합이며 다른 하나는 이온 결합입니다. 공유 결합은 2개의 원자가 전자를 공유할 때 형성되는데, 이를 '단일 결합'이라고 하며 두 원자 사이에 전자가 4개인 '이중 결합'이 있고, 공유 전자가 6개인 '삼중 결합'이 있습니다. 공유 전자가 많을수록 원자의 연결이 더욱 단단하고 강해지지요.

이온 결합은 '금속-비금속'의 결합에서 생깁니다. 이것은 전자가

한 원자에서 다른 원자로 완전히 이동할 때만 만들어져요. 쉽게 말해서 금속이 비금속에 전자를 일방적으로 주는 경우에 '이온 결합'이 발생합니다. '이온 결합'은 '공유 결합'과는 다르게 전자를 공유하지 않는다는 사실이 중요해요.

'이온'은 전기를 띤 원자 또는 원자단을 가리키는데, 1834년에 마이클 패러데이(1791~1867, 영국)가 발명한 용어입니다. '가다'를 뜻하는 그리스어 'ienai'에서 유래했어요. 이온이 되면 원래의 물질과 성질이 달라지겠죠. 왜냐하면 이온은 전자를 얻거나 잃으면 생성되어 전하를 띠게 되니까 그래요. 양전하를 띠면 '양이온'이라 하

마이클 패러데이(1791~1867)

고, 음전하를 띠면 '음이온'이라고 하지요. 이온은 전하를 갖고 있어서 전극을 이용해 모을 수가 있어요. 양극에는 음이온이 모이고 음극에는 양이온이 모입니다.

그리고 이온 결합 물질은 보통 물에 녹아서 양이온과 음이온으로 나누어져 전류가 흐르게 됩니다. 가령 순수한 증류수는 전류가 거의 흐르지 않지만 보통 물에는 전기가 잘 통하는데, 이는 보통의 물에는 칼슘 이온과 마그네슘 이온 같은 불순물이 들어가 있기 때문입니다.

생물의 몸은 세포의 집합입니다. 세포는 분자로 이루어져 있어요. 분자는 원자의 결합이죠. 그래 사람의 몸을 원자 단위로 분해하면 산소, 탄소, 수소, 질소, 칼슘, 인이 질량의 99%를 차지해요. 나머지 1%는 칼륨, 황, 나트륨, 염소, 마그네슘, 철 등이에요.

<과학 스케치 75>
고기와 채소
- 단백질과 비타민

단백질은 2개 이상의 아미노산으로 만들어져요. 단백질은 커다란 분자인 폴리펩타이드입니다. 아미노산은 500개가 넘고 그중 20개가 우리의 유전자 부호 안에 있지요. 모든 종류의 아미노산은 결합해서 단백질을 형성해요. 아미노산은 온갖 종류의 음식에서 흔히 발견되는데, 특히 고기에 절대적으로 많습니다. 그래서 우리가 보통 고기를 먹으면서 '단백질을 보충한다'라고 말하는 거예요.

그런데 모든 종류의 갖가지 고기는 하나의 공통점이 있어요. 그것은 단백질의 하위 범주인 효소를 가졌다는 것인데요. 효소는 반응 속도를 더 빠르게 만드는 촉매 역할을 하는 까닭에 이 특별한 단백질 구성 요소는 살아있는 동물 근육의 기능에 핵심적인 역할을 합니다. 고기를 조리하지 않고 그냥 두게 되면 이 효소들이 반응하여 고기를 상하게 해요. 하여 효소를 비활성화하는 최상의 방법은 고기에 빠르게 열을 가하는 것이에요. 쉽게 말해 고기를 구워 먹거나 익혀 먹는 게 좋아요. 다행스럽게도 효소의 이런 활동은 저온에서는 멈춘다고 하네요. 현대인의 일상에서 냉장고가 필요한 까닭이 여기 있어요.

비타민이 커다란 분자인 데 반해서 미네랄은 비타민보다 훨씬 더 작아요. 미네랄은 그저 전하를 띤 원자(이온)일 뿐이죠. 즉 미네랄은 칼슘, 인, 철, 황, 마그네슘 따위의 무기질 영양소를 가리키는 것이기도 해요. 따라서 우리가 채소를 먹는다는 것은, 결국 미네랄을 먹는 것이고 그것은 결국 이온을 먹는 것과 같아요. 미네랄은 이온이며 전부 수용성으로서 소화 과정에서 몸 전체로 퍼져나가 기본적인 인체 기능을 감당하게 되지요. 예컨대 브로콜리에는 엄청난 양의 칼슘(미네랄)이 들어있고, 양상추와 토마토에는 염소가 다량 들어있어요. 달걀이나 콩 그리고 단백질에는 아연이 들어있어요. 우리 몸은 철이 필요하고 붕소가 필요하고 코발트와 크롬이 필요하고 마그네슘이 필요합니다.

<과학 스케치 76>
사랑의 호르몬 옥시토신

　우리 몸의 다양한 분비샘들은 특정 조건이나 행동이 발생하면 호르몬을 분비합니다. 호르몬(hormone: 그리스어 어원은 '활기를 띠게 함'의 뜻/1902년에 어니스트 스탈링-1866~1927, 영국-이 발견 및 명명함)은 체내 내분비기관에서 분비되는 모든 화학물질을 일컫는 이름이지요. 호르몬은 뇌와 장기 등 몸 전체에 영향을 미치며, 알려진 것으로 종류가 80여 가지가 넘어요. 그런데 호르몬은 크게 두 가지로 나눌 수 있어요. 하나는 단백질로 만들어진 펩타이드 호르몬이고 다른 하나는 콜레스테롤 지방으로 만들어진 스테로이드 호르몬입니다. '옥시토신'은 사랑의 호르몬입니다. 이것은 8개의 아미노산으로 만들어지는 아주 커다란 펩타이드 분자인데요, 이 옥시토신 호르몬은 사랑의 분위기와 감정을 만들어냅니다. 옥시토신은 우리의 콧날 바로 뒤에 있는 뇌하수체에서 생성되고 분비돼요. 이것이 조건을 만나면 우리는 뇌에 옥시토신 호르몬이 넘치도록 만들죠.

'옥시토신'이라는 이름은 '빠른 출산'이라는 뜻의 그리스어에서 유래하는데, 1906년에 영국의 생리 약학자 헨리 데일 경이 실험 중 고양이 뇌하수체에서 발견하고 그렇게 이름을 붙였습니다. 여성이 평생 경험하는 최대량의 옥시토신이 아기를 분만할 때 나오는데, 이때의 옥시토신 수치는 평소보다 300배나 높아요. 여성은 모유 수유 중에 유두가 자극되면 옥시토신 호르몬이 뇌하수체에서 생성되어 혈류 속으로 방출되어요. 사랑의 감정과 행복의 느낌이 충만해지지요.

빈센트 뒤 비뇨(1901~1978)

생화학자 빈센트 뒤 비뇨(1901~1978, 미국)는 1953년에 옥시토신의 아미노산 구조와 배열을 발견하고 인공적으로 실험실에서 옥시토신 호르몬을 합성하는데, 이 공로로 1955년에 노벨 화학상을 받습니다. 귀여운 아기를 어르거나 강아지를 쓰다듬을 때도 옥시토신이 샘솟듯이 치솟아요. 남녀 애정 행위에서도 옥시토신 호르몬이 샘처럼 솟아납니다. 특히 여성은 사랑으로 인한 유대감의 표현으로 몸이 활처럼 휘어지기도 하는데,

아쉽게도 남성은 옥시토신의 분비량에서도 성적 흥분과 반응에서도 여성에 비해 약하고 단순한 편입니다. 최근 연구 결과에 따르면 여성은 임신하기 위해 상대와 하나 되는 연대감을 극한 몸짓으로 표현하나, 남성은 임신할 수 없는 까닭에 그런 연대감을 표현할 필요가 없어서 그렇다고 하네요.

<과학 스케치 77>
신은 하나뿐이고 과학자는 많다

"철학은 우리가 보아주기를 기다리며 우주라는 거대한 책에 쓰여있다. 그러나 이 책은 그것을 기록한 방법을 배우기 전에는 이해할 수 없다. 이 책은 수학이라는 언어로 쓰여있다."

— 『분석자』(1623년 저술), 갈릴레오 갈릴레이

신은 태초에 수학이라는 언어로 우주를 설계했고, 인간은 그 설계도의 비밀을 찾아 나서는 탐험가일 수도 있습니다. 물리학자 리처드 파인만(1918~1988, 미국)이 말했듯이 과학자가 볼 때 미적분 수학은 신이 사용하는 언어가 틀림없어요.

아이작 뉴턴(1642~1727, 영국)은 시간과 공간이 절대 불변의 실체라고 보았습니다. 말하자면 시공간의 절대성 원리를 종교 신앙처럼 믿었지요(훗날 아인슈타인은 이를 부정하면서 시공간의 상대성원리를 제창함). 과학적 방법으로는 관찰과 실험이라는 경험적 법칙 외에 '수학'이라는 도구를 사용함으로써 근대 과학 세계가 활짝 열리게 됩니다. 이 일에 가장 최초로 가장 강력하게, 가장 아름답게 도전한 이가 아이작 뉴턴이지요. 뉴턴의 위대한 과학, 곧 그의 정밀 역학은 수학에 힘입은 바가 절대적입니다. 뉴턴은 물체 사이의 상호작용을 단 하나의 법칙으로 정리했어요. 모든 물체는 질량에 비례하고 거리의 제곱에 반비례하는 힘[중력]에 의해 서로에게 이끌린다고요. 뉴턴의 고전물리학은 당시의 보편 중력 법칙을 수학적으로 드러낸 것이며, 이후 전기력과 자기력이 등장하여 제임스 클러크 맥스웰(1831~1879, 영국)이 이를 수학 방정식으로 완전하게 정리한 적이 있으며, 20세기에 양자 세계가 발견되면서 원자의 핵력 등이 또한 수학 법칙의 절대적 도움으로 양자역학으로 정립된 바가 있어요. 지금도 사람들에게 도깨비놀음 같기만 한 양자물리학을 한번 살펴보십시오. 동양과학과는 다른 서양 과학의 특출한 점은 일언이폐지하여 '수학의 완전함'에 대한 과학자의 신앙심 같은 것이라고 할 수 있습니다.

양자역학과 수학의 관계는 어떠했을까요?

양자역학은 원자핵과 전자처럼 아주 작은 미시의 세계를 설명해줍니다. 원자들로 이루어진 분자 차원의 물질에서도 양자론적 효과는 중요 현상으로 관찰되어요. 물질의 화학적 결합이나 생명체의 기본 물질인 DNA 구조 등에서도 양자론이 적용됩니다. 전자의 흐름과 관련된 도체와 부도체 사이를 오가는 반도체 영역은 양자론의 특징을 가장 잘 나타내는 분야라고 할 수 있어요. 오늘날 양자역학은 물리학뿐만 아니라 화학이나 생물학 등 자연과학에서 가장 핵심적인 도구로 활용되고 있습니다. 그것은 어느 분야에서도 물리적인 개념을 수학 공식으로 단순화할 수 있었기 때문이지요. 양자역학은 한마디로 미시 세계에서의 입자의 행동을 수학적으로 기술하는 것인데, 상식적으로 보면 양자 세계가 정말로 터무니없거든요. 도깨비장난 같아요.

그런데 실제 현상과 실험 결과에는 완전히 부합해요. 데카르트(1596~1650, 프랑스)나 뉴턴의 기계론적인 결정론이 마이클 패러데이(1791~1867, 영국)와 맥스웰의 전자기적 결정론을 거쳐 베르너 하이젠베르크(1901~1966, 독일)의 '불확정성원리'와 '슈뢰딩거(1887~1961, 오스트리아) 방정식'이 빚어낸 확률론적 결정론에 이르렀어요. 아아 그래요. 수학의 힘이 참으로 놀랍고 대단하고 새롭습니다. 천년왕국설이나 예정조화설 같은 유대-기독교 문화 전통이 우주 자연과 삼라만상 일체 자연과학의 세계에도 찬란한 빛을 던짐을 경이의 눈으로 목격합니다. 정말 그래요. 서양에서 신은 하나뿐인데 과학자는 참 많습니다. 그렇습니다. 서양 과학의 기본 문법은 기독교 사상이 틀림없다마다요.

<과학 스케치 78>
통섭(Consilience)과 환원주의

'통섭'이란, 자연과학과 인문학을 연결하고자 하는 통합 학문 이론입니다.

통섭은 우주의 질서를 논리적 성찰을 통해 이해하고자 하는 고대 그리스 사상에 뿌리를 두고 있어요. 이것과 반대되는 연구 방향은 '환원주의'가 있는데, 환원주의는 전체를 각각의 부분으로 나누어서 연구하는 것입니다(이것은 용어로서 '과학, science'에 잘 들어맞음-'과목 과목의 학문'이라는 뜻으로 일본어 번역임).

1840년에 윌리엄 휘웰(1794~1866, 영국)이 책 『귀납적 과학』을 저술하는데, 여기에 보면 과학 용어가 상당수 다루어져 있지요. 예를 들면 통섭(Consilience), 과학자(scientist), 유전체(genome), 물리학자(physicist), 전극(electrode), 이온(ion: 패러데이가 명명) 등이 있어요.

사실로 이루어진 하나의 분야에서 얻어진 지식이 또 다른 분야에서 얻어진 결과와 일치할 때 그것이 귀납적 과학이 된다고 말합니다. 그런데 '통섭' 분야가 다른 지식임에도 그 귀납적 결론이 일치할 때, 그것이 '통섭'에 이른다고 보는 통합 이론이라고 할 수 있어요.

그에 비해 '환원주의(Reductionism)'는 한마디로 '복잡한 것을 더 단순한 것들의 조합으로 생각하는 철학'의 흐름인데, 르네 데카르트의 사유법을 그 시발점으로 봅니다. 데카르트는 동물을 자동 기계로 보는 데 주저함이 없었습니다. 동물이 곧 기계(데카르트 왈 "동물 해부 시의 비명은 마차의 삐걱거림 소리와 같다.")라는 인식이죠. 이게 바로 근대 과학의 근본 토양인 '환원주의'의 실체입니다. 과학과 관련해서 유용했던 방법론적 환원주의가 여기에 깊은 뿌리를 두고 있는 거예요.

환원주의는 역사적으로 봤을 때 그 종류가 무척 많습니다. 옥스퍼드에서 최근에 환원주의 용어를 정리한 바가 있어요. 용어 사용에 오남용이 있다고 본 거죠. 환원주의는 방법론적 환원주의, 존재론적 환원주의, 이론 환원주의로 분류가 되는데요. 그런데 '환원주의'는 사회 과학의 영역에서 '전체와 부분' 논쟁을 연상하게 해요. 숲과 나무의 관계에서 보듯 전체는 부분의 집합이긴 하나 그 합을 넘어서는 무언가가 있다는 거죠. 이것을 소위 '전일주의' 또는 '전체주의'라고 하는데, 이것은 환원주의와 대척점에 있다고도 할 수 있습니다. 특히 복잡계 이론에서 선보이는 '창발주의(emergencism)'

개념이 환원주의의 약점을 날카롭게 찌릅니다.

뭐니 뭐니 해도 '원자론'이야말로 환원주의의 결정판입니다. 리처드 파인만(1918~1988, 미국, 1965년 노벨 물리학상)이 분명하게 전했어요. "지구가 멸망하고 다음 세대에게 딱 한 문장만 전달할 수 있다면, '모든 것은 원자로 이루어져 있다'라고 말할 거야." 환원주의는 대체로 물리학자들이 견지하는 사유 방식이며, 그 실체는 곧 물리주의와 유물론에 가까워요. '세상 모든 것은 물질이며, 그 존재는 물리적인 것에 지나지 않는다'라고 보는 것이죠. 여기서 중요한 점은 환원주의는 다른 형태로도 많이 존재하는 까닭에 우리가 환원주의의 정체를 속단하기 어렵다는 거예요. 그러나 현대의 환원주의자는 대부분 물리적 환원주의자로서 물리학이 지닌 최고자 지위를 정녕코 포기하지 않아요. 까닭에 환원주의자 관점에서는 아직도 물리학은 화학을 응용 물리학으로 보고, 화학은 생물학을 응용화학으로 보고, 생물학은 심리학이나 사회 과학을 응용생물학으로 보는 풍조가 남아있죠.

최근 뇌과학 분야에서는 '환원'과 '창발' 개념이 중요하게 떠오르고 있어요. 과학지들은 우리의 정신이나 마음이 영혼 같은 데 깃들어있는 게 아니라, 단지 뇌에 있는 수많은 뉴런과 시냅스가 그 연결망을 통해 활동한 결과라고 보고 있거든요. 저절로 '환원'의 반대 개념으로 '창발' 개념이 탄생할 수밖에요. 왜냐하면 뇌의 그 무수한 연결을 이해하고 작동 방식을 다 파악하더라도 우리가 정말로 '마음'이 무엇인지 단정 짓기 어렵거든요. 그러므로 '창발주의' 철학이 등장할 수밖에 없습니다. 1932년에 덴마크에서 발명된 레고는 환원과 창발을 동시에 보여주는 가장 좋은 예로서 우리의 현실 세계를 그대로 반영하고 있습니다. 그러니 세계적으로 인기가 많을 수밖에요. 세상이 레고 월드라면 기본 단위인 레고 브릭 하나는 세계 구성의 '원자'라고 할 수 있겠지요. 하지만 분명한 것은 '환원주의'와 '창발주의'는 대립이 아니라 상호 보완의 관계라는 것이죠.

<과학 스케치 79>
다양하고 창의적인 기계들

르네상스는 예술과 인문주의만이 아니라 과학과 기술도 놀라운 발전을 이룩한 시기였어요. 지중해 무역이 활발해지며 부를 축적한 도시가 자꾸 커지고 복잡해졌으며 운하를 건설하고 다리와 댐을 만드는 거대한 토목 공사가 쉴새 없이 전개되지요. 레오나르도 다빈치(1452~1519, 이탈리아)는 르네상스를 대표하는 예술가이자 기술공학자로서 새로운 기계 장치에 특히 압도적인 역량을 발휘한 바가 있어요. 시대를 훌쩍 뛰어넘는 과학적 상상력으로 자동 비행기를 설계하고 스케치한 그림, 수력 기계 기술 장치와 탱크와 잠수함 등의 설계와 스케치 등이 유명하지요.

독보적인 천재성을 발휘한 레오나르도 다빈치의 뒤를 이어서 기술 공학의 거장들이 쏟아져나옵니다. 1572년에 『기계들의 극장』이 출판되고, 1584년에는 『수학적 기계적 도구들』이 출판되었으며, 1588년에는 책『다양하고 창의적인 기계들』이 유럽 무대에 선을 보입니다. 그런데 이것들은 실제로 공학 기술로 직접 제작하는 실용성의 산물이 아니라 자신의 천재적인 과학기술적 상상력을 뽐내는 의도가 표현된 것들이었지요. 기기묘묘한 기계 장치들이 도판과 설명을 담고 출판되어 이 책의 저자 아고스티노 라멜리(1531~1610, 이탈리아)의 천재성을 유난스레 빛나게 드러냅니다.

마이클 패러데이(1791~1867, 영국)는 역사상 가장 뛰어난 실험물리학자입니다. 그는 전기와 자기의 상관관계를 밝히려고 끊임없이 연구하고 실험했어요. 다양한 장치들을 고안하고 용어들을 만들어내고 실험을 그치지 않았죠. 중요한 것은, 패러데이가 기록을 중시했는데 실패한 실험조차 실험 일지에 고스란히 남겼어요. 그의 실험 기록은 무려 16,041번째가 마지막으로 남아있어요. 패러데이는 전기의 일상화를 가져오는 데 큰 공을 세운 전자기 유도 법칙을 발견했으며, 전동기, 발전기, 변압기 등을 최초로 만들었지요. 조금 과장해서 말한다면 우리가 지금 전기를 이용하는 모든 장치는 거의 패러데이의 발견 덕분이라고 할 수 있습니다.

<과학 스케치 80>
마술의 힘 전자기파

　패러데이를 거쳐 맥스웰에 이르러 '전자기학'이라는 전혀 새로운 물리학이 탄생합니다. 전자기파(빛) 연구에서 기존의 뉴턴역학이나 열역학으로 설명할 수 없는 새로운 현상들이 발견된 까닭이지요. '전자기학'은 전자기파를 물체의 입자 운동으로 보고 역학적으로 접근해서 얻은 결과물입니다. 여기서 입자에 해당하는 것은 '전하'이고 전하는 곧 전기량을 가리키는데, 이것의 특이한 점은 전하에는 양과 음, 플러스와 마이너스가 존재한다는 거예요. 그러면 전자기학에서는 전하 사이에 작용하는 힘을 표현해야 하는데, 이때 '장(field)'이라는 새로운 개념이 도입되었어요. 당시 과학자들은 공간에 어떤 성질이 있다고 보고 그 공간에 '장'이라는 이름을 붙였어요. 말하자면 '장'은 '흐름을 표현하는 물리량'인데, 사실 이것은 놀라운 과학적 아이디어입니다. 왜냐하면 전하에 작용하는 힘(1785

년에 샤를 드 쿨롱이 정리. 쿨롱 힘 또는 전자기력으로 명명./자기장에서 전하가 받는 힘은 '로런츠의 힘'이라고 함. 핸드릭 로런츠-1902년 노벨 물리학상 수상.)의 발생 원리가 기존의 역학적 접근으로는 해명할 수 없었기 때문이에요. 가령 '전기장'은 전하의 운동을 표현하는 공간이지요. '자기장'은 '전기장'의 시간 변화 곧 전류에 의해 저절로 발생합니다. 둘을 합하여 '전자기장'이 되지요. 이렇게 해서 '전기장-자기장-전자기장'이라는 공간 (장, field)이 새로 탄생합니다.

'맥스웰 방정식'은 전자기파를 수학적으로 설명하는 데 성공했어요. 빛의 본질은 전자기파이지요. 빛은 파동처럼 때로는 입자의 흐름처럼 행동하는데, 연구 결과 전자기파 자체가 물질이자 우리 우주를 형성한 재료라는 사실이 밝혀졌지요. 모든 파동은 진폭과 파장이라는 두 가지 중요한 속성을 갖는데, 진폭은 파동의 에너지와 직접적인 관련이 있습니다.

전자기파의 놀라운 특성은 각각의 광자(질량이 없는 입자)가 전달하는 에너지가 주파수 혹은 파장의 길이에 따라 달라진다는 점이에요. 빛의 색상이 다르면 파장의 길이가 달라요. 무지갯빛 가시광선에서 빨간빛은 가장 긴 파장과 가장 낮은 에너지를, 끝의 보랏빛은 가장 짧은 파장과 가장 높은 에너지를 가집니다. 그런데 빨간빛보다 파장이 더 길어지면 어떻게 될까요? 적외선은 눈으로 볼 수 없고 피부로 감지할 수 있어요. 적외선보다 더 긴 파장은 마이크로파

생활 속의 과학; 마이크로파를 사용하는 전자레인지

인데 주방의 전자레인지에 사용돼요. 이것은 음식물 속의 물 분자를 진동시켜서 음식을 가열하지요. 마이크로파보다 더 나아가면 파장이 수 킬로미터에 이르는 전파(라디오파)가 있어요.

가시광선 영역에서 보랏빛 너머(자외선 쪽)를 가면 고도의 에너지를 가진 세계와 만나게 돼요. 자외선은 높은 에너지로 우리의 살갗을 태우지요. 더 높은 에너지 영역에는 X선이 있는데, 우리 몸의 내부 조직을 쉽게 투과할 만큼 에너지가 강력해요. 그리고 가장 파괴적인 전자기파로 감마선이 있어요. 핵폭발 시에 방출되며 엄청난 에너지로 모든 생명체에 치명상을 입히죠.

전자기파는 한마디로 말해 우리가 사는 세계를 관통한다고 할 수 있어요. 오늘날에는 빛이 전자기파이면서 동시에 입자의 성질을 갖는다는 이중성 이론이 일반적으로 인정되고 있습니다. 그러나 이 이중성은 빛에만 해당하는 것이 아니라 우리 우주와 인간을 구성하는 모든 입자에도 적용돼요. 이 모든 입자는 파동이자 입자로서의 성질을 동시에 보여주는데, 그러나 인간의 직관적인 사고로는 이를 표현한 길이 없어요. 그러니까 양자 세계 역시 수학의 언어로 기술할 수밖에 없습니다. 이모저모 살펴보아도 과학의 언어는 수학 언어가 확실합니다. 수학은 이 놀라운 세계를 표현해주는 최상의 도구가 맞다마다요.

특별하게도 시인의 눈을 한번 볼까요. 환경이 다르면 광속은 달라집니다. 광속은 진공 상태에서 초속 30만 킬로미터입니다. 그러나 물속에서는 광속이 초속 22만 5천 킬로미터로 떨어지고, 유리를 통과할 때는 초속 20만 킬로미터가 되지요(소리는 초속 340m).

5장

인간의 과학
– 과학도 결국 사랑이었네

＜과학 스케치 81＞
아인슈타인이 직접 쓴 $E=mc^2$

아인슈타인은 자신이 직접 쓴 「$E=mc^2$」이라는 제목의 글을 발표한 적이 있습니다. 그 글의 중요 대목 몇 군데를 직접 옮겨 그대로 적어보겠습니다.

"질량-에너지 등가의 원리를 이해하기 위해서 먼저 상대성이론이 나오기 전에 물리학에서 서로 별도로 높은 자리를 차지하고 있었던 두 개의 보존 법칙을 돌아보아야 한다. 이 중 이미 17세기에 라이프니츠가 제시한 에너지 보존 법칙은 19세기에 들어서 기본적으로 역학의 한 원리로 발전했다 …

물리학자들은 몇십 년 전까지 이 법칙(질량 보존의 법칙)을 받아들였다. 그러나 그것이 특수상대성이론 앞에서 부적절한 것으로 드러났다. 그 결과 그것은 에너지의 법칙과 융합되었다 …

질량과 에너지의 등가를 흔히 공식으로 이렇게 표현한다. $E=mc^2$. 여기서 c

는 빛의 속도를 나타낸다. 1초에 약 186,000마일이다. E는 정지된 물체에 들어있는 에너지를 나타낸다. 질량 m에 든 에너지는 이 질량에 어마어마한 빛의 속도를 제곱한 수치를 곱한 것과 같다.

그러나 만일 물질 1g이 함유한 에너지가 이처럼 엄청나다면, 그것이 그렇게 오랫동안 눈에 띄지 않은 이유는 무엇인가? 이에 대한 대답은 아주 간단하다. 에너지가 외부로 방출되지 않는 이상 그것을 관찰하는 것이 불가능하기 때문이다. 어마어마한 부자가 돈을 한 푼도 쓰지 않는 것이나 마찬가지이다. 그러면 그 사람이 얼마나 부자인지를 아무도 모를 수밖에 없다.

이제 우리는 관계를 거꾸로 돌려서 에너지의 양이 증가하면 질량에서 E/c^2만큼의 증가를 수반하게 된다고 말할 수 있다. 나는 질량에 에너지를 쉽게 제공할 수 있다. 예를 들어, 질량을 10도 더 높이면 된다 …

어떤 질량의 증가를 측정할 수 있기 위해선, 질량 단위당 에너지의 변화가 어마어마하게 커야 한다. 우리는 질량 단위당 에너지가 방출되는 것에 대해서는 오직 하나의 영역밖에 알지 못한다. 즉 방사능 붕괴이다. 대략적으로 보면 방사능 붕괴는 이런 식으로 일어난다. (하략)"

- 「E=mc²」, 『Science Illustrated』에 발표, 1946년 4월, 아인슈타인

'E=mc²'은 세상에서 가장 유명한 방정식입니다. 이름을 따서 '아인슈타인식'이라고 부르죠. 이것은 1905년에 아인슈타인이 발표한 '특수상대성이론'의 일부일 뿐이죠. '특수상대성이론'은 속도와 시

간, 질량과 공간의 관계를 정의해요. 이 이론의 출발점은 첫째로 빛의 속도가 불변으로 진공 속에서 항상 일정하며, 둘째로 물리법칙은 모든 관찰자에게 동일하게 적용된다는 전제를 받아들이는 것으로부터 시작됩니다. 속도는 시간과 질량, 공간에 영향을 미치는데, 특히 빛의 속도에 가까운 속도에서는 질량이 증가하고 시간은 더 느리게 간다는 거예요. 이론물리학자 아인슈타인은 머릿속에서 생각으로 진행하는 사고실험(thought experiment)으로 거의 모든 연구를 진행했어요(사실 아인슈타인이 'E=mc²' 방정식을 쓰기 몇 년 전인 1890년대부터 질량과 에너지의 이상한 징후가 발견되었음. 몇몇 금속 광물에서 이상한 에너지 선이 나왔고 마리 퀴리가 1898년에 이 에너지 선에 '방사능'이라는 이름을 붙였음.).

물체의 속도가 빨라짐에 따라 질량은 증가하며, 빛의 속도에 근접하게 이동하는 물체의 질량은 무한대가 됩니다. 빛의 속도가 질량과 에너지를 연결하는 통로 역할을 하지요. 이쯤 되면 'E=mc²'이 탄생할 채비를 막 끝냈다고 할 수 있어요. 우선 이것은 물질과 에너지가 교환 가능하다는 것으로, 아주 적은 양의 물질이 엄청난 양의 에너지로 전환될 수 있다는 거예요. 이것은 기존의 과학 상식인 '질량과 에너지는 다르다'라는 생각을 깨뜨리는 엄청난 혁명적 발상이었죠. 발표 당시 모두가 무시했지만, 당대 물리학의 대가인 막스 플랑크(1858~1947, 독일, 1918년 노벨 물리학상 수상)가 지지하고 성원함으로써 이 이론이 조금씩 인정되기 시작했어요. 'E=mc²'에서 더 나아가 물질에서 에너지를 생성하는 핵분열을 이용한다면 핵무기를 만들 수 있고 원자력을 사용할 수도 있을 것입니다. 실제로 인류 역사는 그렇게 진행이 되었습니다.

아인슈타인의 'E=mc^2' 이 공식은 적절한 상황이 되면 어떤 물질이든 에너지로 바뀔 수 있다는 것입니다. m에 질량 1kg을 집어넣고, c^{2}의 엄청난 값 '11경 6640조'를 곱하면, 이론적으로 100억 킬로와트시의 에너지가 나와요. 이것은 거대한 발전소와 비교할 만한 값이에요. 우라늄 폭탄이 터질 때는 내부 질량의 1%도 안 되는 양이 에너지로 전환되는 거죠.

핵분열을 넘어 핵융합 반응은 작은 원자핵이 융합하여 큰 원자핵이 되는 것을 가리켜요. 태양에서 일어나는 핵융합 반응이 대표적입니다. 이것은 4개의 수소 원자핵(H)이 융합하여 1개의 헬륨 원자핵(He)이 되는데, 이때 원료와 생성물의 질량에서 0.7%의 결손이 발생해요. 이 질량 결손이 바로 거대한 에너지로 전환되는 것이죠. 수소폭탄에서 일어나는 핵융합 반응이 태양의 경우와 유사해요. 수소폭탄의 에너지원은 2개의 원자핵인 중수소(D)와 삼중수소 트리튬(T)의 핵융합 반응(일명 DT 반응)입니다. 질량 결손이 가져오는 에너지의 확장은 아인슈타인식 'E=mc^2'이 잘 나타내고 있어요. 이것은 질량과 에너지의 변환 관계(에너지가 C^{2}에 의해 12경 배로 커짐)를 보여주는, 세상에서 가장 유명한 공식이 되었습니다.

5장. 인간의 과학 - 과학도 결국 사랑이었네

〈과학 스케치 82〉
에너지의 양자화
– 양자론의 시작

막스 플랑크(1868~1947, 독일, 1918년 노벨 물리학상 수상)는 파장에 따른 에너지 밀도를 나타낸 흑체복사 곡선을 이용하여 플랑크 법칙을 발견합니다. 플랑크는 흑체복사(black body radiation: 온도 변화에 따른 전자기복사)의 물리적 의미를 설명하기 위해 '진동자' 입자 모형을 도입하고 흑체(black body: 모든 파장의 빛을 흡수하고 이를 다시 방출하는 이상적인 모델) 내벽은 진동자로 이루어져 있으며 진동자가 진동하면서 복사를 흡수하고 방출한다고 보았죠. 이때 그는 복사에너지가 진동수에 비례하는 에너지 덩어리일 수밖에 없음을 발견합니다. 이곳에서 바로 '양자가설'이 비롯되는데, 이 에너지 덩어리에 플랑크가 '양자(quantum)'라는 이름을 붙여줍니다. '양자'의 도입은 곧 전자기파의 에너지에 불연속성이 존재함을 인정하는 것인 동시에, 동일 온도에서 '동일 진동수가 곧 동일 에너지'라는 고전 열역학을 부정하는 것이 되고 말았죠.

1900년 12월 14일에 막스 플랑크는 베를린 물리학회에서 '플랑크 법칙과 양자가설'을 공식적으로 발표합니다. 당대의 난제였던 흑체복사 문제가 이로써 깔끔히 해결되고 새로운 이론과 모델이 꼬리를 물고 이어졌다는 점에서 오늘날 사람들은 1900년 12월을 양자역학이 탄생한 시점으로 보는 데 주저 없이 동의하고 있습니다.

흑체복사 문제를 해결하기 위해 플랑크가 선택한 방법은 에너지를 원자처럼 알갱이로 취급하는 것이었습니다. 에너지가 알갱이로 이루어져 있다면 에너지의 양은 가장 작은 에너지 알갱이의 정수 배만 가능하거든요. 이것은 마치 자동차가 가속할 때 중간 과정의 모든 값을 차례대로 거치는 것이 아니라, 에너지 알갱이의 크기만큼 뛰어오르면서 증가하는 것과 같아요. 가장 작은 에너지 알갱이의 값을 '플랑크 상수'라고 하고, 에너지가 양자화되어 있다는 것은 이처럼 에너지가 연속된 양이 아니라 띄엄띄엄한 양만 가질 수 있다는 것입니다. 플랑크 상수는 빛의 속력과 마찬가지로 우리가 사는 우주의 물리적 성질을 나타내는 기본 상수가 될 수밖에요.

에너지가 양자화되어 있다는 것은, 연속된 물리량만 다루는 뉴턴역학에서는 상상도 할 수 없는 일이에요. 결국 원자보다 작은 세상에서 일어나는 일들을 설명하기 위해서는 전혀 새로운 역학이 필요했어요. 이렇게 해서 등장한 것이 '양자역학'입니다. 그래요. 우리가 원자보다 작은 세계를 이해할 수 있게 된 것은 양자역학 덕분이에요.

마침내 20세기 초에 에너지는 연속적인 물리량이 아니라 양자 단위로 되어있음이 밝혀졌어요. 이전과는 전혀 성격이 다른 과학의 문이 열렸습니다. 그런데 이상한 점은 양자역학의 기초를 다진 초기 개척자들은 한결같이 양자역학을 품에 안고서도 양자역학을 거부하고 부정한 것이에요. 양자역학의 씨앗을 뿌린 플랑크는 양자역학을 쉬 받아들이지 않았어요. 상식적으로 이해할 수 없는 터무니없는 내용이 많이 들어있던 터라 플랑크는 크게 실망하고서, 양자역학을 말하자면 자신이 제안한 에너지 알갱이(양자)를 고전물리학의 틀 안에서 설명할 수 있기를 희망했습니다. 하하하 과학자도 할 수 없군요. 자신의 문화 환경이나 사고 틀에서 벗어나기란 이토록 어렵습니다.

아인슈타인이 1905년에 발표한 '광전효과'는 빛이 가장 작은 플랑크 상수의 정수 배로만 에너지를 가질 수 있다고 가정한 설명이었어요. 여기서 그는 금속에서 방출되는 광전자의 에너지와 금속에 쏘아준 빛의 파장 사이의 관계를 양자 개념을 도입하여 딱 부러지게 정리하였죠. 아인슈타인의 '광전효과' 이론은 당시 틀이 잡히지 않고 물렁물렁하던 양자역학의 기초를 획기적으로 다지는 역할을 했어요. 하지만 웬일인지 아인슈타인조차 막스 플랑크와 마찬가지로 양자역학을 끝내 거부하고 싫어했어요. 그는 도깨비놀음 같은 양자 세계가 마음에 들지 않았던 거예요. 우주의 물리 질서는 지극히 아름답고 완전한 것인데, 양자 세계에서는 우주의 아름다움도 과학적 완전함도 전혀 찾을 수가 없었거든요. 그는 생애 내내 통일장이론에 매달려 중력과 전자기력을 통합하여 하나의 이론으로 완성하고자 애썼습니다. 그러나 아인슈타인 생전에 양자역학이 나날이 비약적으로 발전해가며 그의 모든 노력은 수포로 돌아가고 말았죠.

⟨과학 스케치 83⟩
원자와 분자의 존재를 발견하다

1827년에 식물학자 로버트 브라운(1773~1858, 영국)이 액체에 떠있는 꽃가루가 무작위 운동을 계속한다는 것을 발견했어요. 처음에 이것('브라운운동'으로 이름 지음)을 생물의 생명운동과 관련 있는 걸로 생각했지만, 곧 탄소 분말도 같은 운동을 하는 것이 밝혀져 물리학적 주요 연구 대상이 되었어요. 1905년에 아인슈타인은 유명 논문 4편을 연달아 발표해요. 그중에 하나가 브라운운동을 수학적으로 분석한 것인데, 훗날 이 논문을 통해 원자의 존재가 실체적으로 드러났다는 평가를 받았죠. 아인슈타인에 따르면 브라운운동의 원인은 무작위로 움직이는 물 분자들이 꽃가루 알갱이 입자와 충돌하기 때문이라는 것이었어요.

한참 생무지로 남아있던 전기 현상과 관련된 물리법칙은 19세기에 들어 거의 모두가 밝혀졌어요. 마이클 패러데이(1791~1867, 영국)

와 제임스 클러크 맥스웰(1831~1879, 영국)을 비롯한 과학자들의 집단 노력이 전자기학 완성이라는 빛나는 성과로 이어졌더랬지요. 그러나 정작 전기 현상을 만들어내는 가장 핵심 요소인 '전자'의 정체는 오리무중이었어요. 1897년에 조지프 존 톰슨(1856~1940, 영국, 1906년 노벨 물리학상 수상)이 음극선 실험 도중에 최초로 '전자'를 발견했습니다. '전자'는 말하자면 '전기 원자'인 셈이죠. 당시 음극선 실험은 물리학자들의 실험 연구 대세를 차지했어요. 과학자들은 너도나도 음극선 실험에 매달렸죠. 유명한 X선 발견도 1895년 음극선 실험에서 나온 거예요.

전기를 연구하는 물리학자들이 만든 진공 유리관에서 어떤 빛의 흐름이 음극에서 나와 양극으로 흘러가는 까닭에 붙은 이름이 '음극선'입니다. 음극선관은 지금의 형광등과 비슷한 것인데, 유리관 내부를 진공으로 만들고 전극을 설치한 것이죠. 여기에 높은 전압을 걸어주면 음극에서 무언가가 나와서 양극으로 흘러가요. 여러 차례 크룩스관 실험을 통해 존 톰슨은 음극선이 음전하를 띤 입자들의 흐름이라는 걸 알아차렸어요. 19세기 중후반에 발명한 가장 유명한 진공관 장치로는 '크룩스관'이 있었는데, 당시 유명했던 윌리엄 크룩스(1832~1919, 영국)라는 과학자 이름을 따서 명명했죠. 그런데 이 크룩스관은 최초의 입자가속기라고도 할 수 있어요. 왜냐하면 크룩스관을 연구하는 과정에서 음극선과 X선이 발견되고 마침내 전자가 발견되었으니까요. 아아 다행이지요. 전자의 발견으로 원자보다 작은 세계를 본격적으로 연구할 수 있게 되었습니다. 그래서 일부 과학사 연구자는 전자가 발견된 1897년을 현대 과학의 출발점이라고 평가하기도 하지요.

최초로 전자를 발견한 톰슨은 이것에 '미립자'라는 이름을 붙이고, 미립자가 음극에 포함된 원자에서 나온다고 주장했어요. 그 뜻은 '원자'가 더는 쪼개지지 않는 가장 작은 알갱이가 아니라는 거죠. 지금 우리가 사용하는 '전자'라는 이름은 정작 1894년에 조지 스토니(1826~1911, 아일랜드)가 제안한 이름인데, 입자들의 전하가 최솟값의 정수 배로 나타나는 것을 발견하고 전하의 기본 단위를 '전자'라고 이름 지었던 거예요. 결국 최소 전하(기본 전하)를 가지는 알갱이를 우리가 지금 '전자'라고 부르는 셈입니다.

연구소 소장인 존 톰슨은 제자들과 함께 20세기 과학 발전의 중심이 되었어요. 영국 캐번디시 연구소(헨리 캐번디시-1731~1810, 영국, 최초의 근대 물리학 실험-를 기리기 위해 1870년에 케임브리지 대학에 설립/초대 소장은 제임스 클러크 맥스웰이며, 그 후 이곳 출신인 노벨상 수상자 29명을 배출)는 '원자의 구조'를 밝혀 20세기 원자물리학의 중심지가 되었죠. 특히 그의 제자 중 어니스트 러더퍼드(1871~1937, 뉴질랜드/영국)는 방사선의 하나인 베타선이 전자의 흐름인 것을 밝혀냈으며, 원자는 원자 중심과 전자로 구성되었음을 찾아냈어요. 이로써 원자는 더 쪼갤 수 없는 가장 작은 알갱이가 아니라 전자를 비롯한 여러 가지 알갱이들로 이루어져 있다는 것이 확실해졌어요. 톰슨 자신은 물론이고 그의 직접 제자 중 무려 7명이 노벨상을 받았고 아들 조지 패짓 톰슨도 노벨상 수상자가 되었어요(아버지는 전자의 입자성 발견으로 1906년 노벨 물리학상 수상, 아들은 전자의 파동성 발견으로 1937년 노벨 물리학상 수상).

원자 안에 전자가 들어있는 것을 발견한 톰슨은 전자들이 원자의 중심을 빠르게 회전하는 것으로 추측하고 최초의 원자모형인 '플럼 푸딩 모형(plum-pudding model)'을 제시합니다. 그런데 이것은 점점 진화 발전하여 오늘날과 같은 원자모형을 탄생시키는 계기가 되지요.

19세기 중반까지는 원자론이 화학에서 중요한 역할을 하지 못했어요. 화학자의 대다수가 원자론과 아보가드로(1776~1856, 이탈리아)의 분자 가설을 받아들이지 못해 혼란을 겪고 있었죠. 그들은 대체로 실증주의자였고 따라서 직접 관측할 수 없는 원자나 분자의 존재를 인정하지 않았어요. 1861년에 독일에서 출판된 유기화학 교과서에는 하나의 화합물을 19가지나 되는 다른 분자식으로 표현하는 정도였어요. 그러나 19세기 중반 이후 원자론을 받아들인 물리학자들은 분자 운동론을 곧장 일으켰죠. 그것은 분자들의 무질서한 운동을 통해서 물질의 성질을 설명하려 한 거였어요. 열역학에서 중요하게 다루어지는 온도, 부피, 압력과 같은 물리량의 의미를 새롭게 이해하려고 애썼지요. 사실을 말한다면 원자와 분자의 존재를 전제하지 않고서는 새로 등장하는 열역학적 현상들을 좀체 설명할 수 없었거든요. 열은 불이 그런 것처럼 물질이 아니에요. 그러나 열은 원자처럼 변칙적으로 움직이지요. 특히 이 방면의 독보적인 존재는 루트비히 볼츠만(1844~1906, 오스트리아)인데, 그는 원자와 분자의 존재를 확신했으며 확률 이론과 통계역학을 원자의 운동에 적용하여 설명하려 했지요.

1912년 막스 폰 라우에(1879~1960, 독일, 1914년 노벨 물리학상 수상)가 발견한 'X선 회절 현상'은 원자가 실재한다는 최초의 증거였어요. 또 그것은 X선이 빛과 비슷한 전자기복사(전자기파)임을 최초로 실제 증명한 것이기도 했어요. 그에 따르면 X선은 원자들의 위치를 추론할 수 있게 규칙적인 물결 패턴을 형성하고 있어요. 이 발견은 결정체 내부의 원자 배열을 연구할 수 있는 새로운 방법을 제시한 것입니다('X선 결정학'의 토대가 마련됨-유전자 DNA 발견으로 이어짐).

<과학 스케치 84>
양자가설에서 양자역학으로

1900년에 막스 플랑크(1958~1947, 독일)가 양자와 관련되는 아주 중요한 논문을 발표했어요. 흑체에서 나오는 복사에너지가 연속적인 스펙트럼을 이루지 않고 띄엄띄엄 떨어진 에너지값을 갖는 덩어리로 존재한다고 주장한 것이지요. 이것을 '플랑크의 양자가설'이라고 하는데요, 이것을 바탕 삼아 1905년에 알베르트 아인슈타인(1897~1955, 독일/미국)은 광양자가설 논문을 발표하게 됩니다. 어떻게 보면 플랑크의 양자가설이 참 든든한 우군을 만난 셈이죠. 아인슈타인은 흑체복사를 비롯한 모든 전자기파가 불연속적인 에너지를 가진 덩어리, 즉 양자로 이루어진 입자와 똑같이 진행한다는 것을 보여주었어요. 뭉뚱그려서 전자기파의 덩어리를 '광자' 또는 '광양자'라고 하는데, 아인슈타인의 '광양자가설'은 물질(입자)을 지배하는 뉴턴의 운동 법칙과 파동(복사)을 지배하는 맥스웰의 전자기

이론 사이의 관계를 모순 없이 잘 설명하고 있어요(아인슈타인은 광양자 논문으로 1921년에 노벨 물리학상을 수상함). '광전효과'는 물체에 주파수가 높은 빛을 비출수록 전자를 잘 내놓는 현상을 말하는데, 이것은 처음 하인리히 헤르츠(1857~1894, 독일)가 1887년에 발견한 것으로 아인슈타인은 '광양자가설' 개념으로 이를 매우 훌륭하게 설명했으며, 그리하여 이것은 빛의 양자 개념을 보여주는 대표적인 사례가 되었죠. 지금 반도체에서의 '광전효과'는 양자역학으로 설명 가능해요. 말하자면 빛의 양자 개념은 현대 물리학의 기둥인 양자역학의 시초였습니다. 이 논문을 읽은 후 플랑크가 자신의 제자를 보내어 아인슈타인을 만나게 했다는 일화가 흥미롭게 전해져요.

광자나 전자 등의 미시 세계에서 일어나는 가장 큰 특징은 물리량들이 엘리베이터처럼 연속적이지 않고 계단처럼 불연속적이라는 거예요. '양자'는 일정한 양을 가졌다는 뜻으로 기본 단위와 같은 성격의 용어입니다. 이런 까닭에 미시 세계에서의 표현법으로 '물리량들이 양자화되어 있다'라는 표현이 일상화되었다고 보면 돼요.

이후 양자가설은 1913년에 닐스 보어(1885~1962, 덴마크)가 자신의 논문 「원자와 분자의 구조에 관하여」에서 전자가 양자라는 것을 밝히고('양자론'의 탄생) 그에 따라 제시한 원자모형('에너지 라벨' 도입)을 필두로 하여 1925년 베르너 하이젠베르크의 '행렬역학', 1926년 드 브로이(1892~1987, 프랑스)의 물질파 이론과 1926년 에르빈 슈뢰딩

말랑말랑 과학 공부

거(1887~1961, 오스트리아)의 파동방정식(전자에 대한 양자역학 방정식) 등이 쏟아지며 양자역학이 그 체계를 잡아가기 시작합니다. 드디어 양자를 묘사할 수 있는 물리학이 형성된 것이죠. 1924년에 막스 보른(1882~1970, 독일/영국, 파동함수의 통계적 해석으로 1954년 노벨 물리학상 수상)이 처음으로 '양자역학(Quantum mechanik)'이라는 용어를 사용했고, 1925년과 1926년 사이의 물리학자들은 전자를 양자로 묘사하는 일에 관심이 무척 많았어요(이때 '슈뢰딩거 방정식'을 뉴턴역학의 양자화라고 하면, 1928년의 '디랙 방정식'은 아인슈타인의 특수상대성이론의 양자화라고 할 수 있음-디랙에 의해 '상대론적 양자역학'이 탄생).

폴 디랙(1902~1984, 영국)은 1928년에 '디랙방정식'을 발표하고, 반물질의 개념(일테면 '전자'의 반물질로 '양의 전자'가 있음)을 제시한 공로로 1933년에 노벨 물리학상을, 슈뢰딩거와 공동으로 수상합니다(우주선 실험 중 1932년에 실제로 양의 전자 '양전자'를 발견한 칼 데이비드 앤더슨은 그 공로로 1936년에 노벨 물리학상을 수상함).

베르너 하이젠베르크(1901~1976, 독일)의 '행렬역학'은 원자 내부에 있는 전자들의 세계를 수로 이루어진 행렬로 묘사한 것이며, 1927년에 빌표한 '불확정성원리'는 전자의 위치와 운동량을 동시에 알아내기 불가능하다는 것을 수학적으로 표현한, 양자 세계 이론의 교과서 같은 거예요.

루이 드 브로이(1892~1987, 프랑스)는 전자처럼 작은 입자들을 파동으로 해석할 수 있다고 주장하며, 플랑크의 양자가설과 아인슈타인의 상대성이론을 결합해서 파동과 입자로 된 방정식을 만들었어요. 드 브로이의 물질파 이론은 미시 세계의 속성으로 입자와 파동의 이중성을 보여주는 중요한 개념이었죠. 에르빈 슈뢰딩거 (1887~1961, 오스트리아)는 전자를 가리켜 입자가 아니라 공간에 퍼져있는 파동이라고 여겨 이를 미분방정식으로 표현했는데 이것을 '파동함수'라고 합니다.

그런데 과학으로서의 양자역학은 하이젠베르크의 '불확정성원리'에 의해 기초가 완성되었다고 해도 과언이 아니에요. 그것은 입자의 위치와 운동량은 동시에 정확하게 측정될 수 없다는 것입니다. 예컨대 전자의 위치를 정확하게 알면 운동량은 그만큼 부정확해져요. 반대로 전자의 운동량을 정확하게 알면 전자의 위치가 그만큼 불확실해진다는 거죠.

플랑크의 양자가설에서 출발한 양자 세계는 1920년대를 거치며 이외에도 확률밀도를 다룬 '보른 규칙'이나 닐스 보어의 '상보성원리'와 '대응원리', 그리고 광범위하고 획기적인 '코펜하겐 해석'의 도움을 받아 양자역학은 자신의 초기 체계를 튼실하게 구축해나갔습니다.

실제로 전자가 어느 순간 어디에 있는지는 정확하게 측정할 수 없어요. 이것은 측정의 정밀성 문제가 아니라, 미시 세계의 근본적인 존재 방식을 보여주는 것이라고 할 수 있어요. 원자 속 전자들은 핵 주위를 태양 삼아 움직이는 게 아니라 특별한 모양이 없는 구름처럼 보일 뿐이죠. 그러니 이런 '전자구름' 자체도 수학적으로 통계적인 확률로 나타낼 수밖에요.

양자역학은 원자핵과 쿼크처럼 아주 작은 세계를 설명해줍니다. 원자들로 이루어진 분자 차원의 물체에서도 양자론적 현상은 중요하게 관찰돼요. 반도체는 불연속적인 에너지값을 가지는 양자론의 특징을 잘 활용한 대표적인 예입니다. 양자역학은 지금 물리학뿐 아니라 화학이나 생물학이나 지질학 등은 물론이고 대규모 레이저 장치 개발과 스마트폰 사용 시스템 그리고 의학 치료 기술 등에서도 핵심적인 도구로 활용되고 있어요. 그 구체적 결과물은 반도체나 초전도체와 나노 같은 최첨단 물질의 개발에서도 엿볼 수 있습니다.

오늘날 양자역학은 원자나 소립자처럼 작은 세계를 성공적으로 설명할 수 있게 되었어요. 우리는 이제 눈에 보이지 않는 세계를 눈에 보이는 세계보다 더 잘 다룰 수 있게 되었지요. 까닭은 물리적 개념을 수학 공식으로 단순화할 수 있기 때문이죠. 이 점에서도 현대 과학은 뉴턴이 저술한 『자연 철학의 수학적 원리』의 연장선이며 그 혜택을 톡톡히 누리고 있는 셈입니다. 물질의 화학 결합이나 생명체의 기본 물질인 DNA(1869년에 프리드리히 미셰르-1844~1895, 스위스-가

백혈구의 핵에서 처음 발견. '뉴클레인[nuclein]'이라 명명.) 구조 등에도 양자론 적

용이 거침없어요. 모든 것이 수학으로 통하니까요. 근대 과학 이후

로 과학계에서 수학은 신의 언어가 틀림없습니다(오늘날 '수학의 노벨상'

으로 불리는 『아벨상』이 있음: 천재 수학자 닐스 헨리크 아벨-1802~1829, 노르웨이-을 기려

왕실에서 제정. 2003년 첫 수상. 노벨상처럼 해마다 수상하며 상금은 600만 노르웨이 크로

네, 한화 약 8억 7천만 원 정도임.).

＜과학 스케치 85＞
시간과 공간에 대하여

물체의 운동이 일어나는 배경은 무엇인가요? 그것은 시간과 공간이죠. 그럼 시간과 공간은 무엇인가요? 아이작 뉴턴(1642~1727, 영국)은 절대 공간을 발견하는데, 이 공간은 신이 피조물을 담는 거대한 그릇으로 완전히 비어있어요. 그에게 이 절대 공간은 외부의 물체와 무관하게 스스로 존재하는 공간이며, 언제 어디서나 균등하고 움직이지 않는 고정된 것이었죠. 또 뉴턴은 어떤 규칙이 천체에 한결같이 적용된다는 것을 수학적으로 알아냈어요. 그는 시간과 공간을 자연 속에 붙박이처럼 단순히 주어진 것으로 여겼어요. 그는 시공간에 대해 철학적으로나 물리학적으로나 개념 정립의 과정을 전혀 거치지 않았죠. 뉴턴은 이 문제에 관해서 모든 철학적 물음을 회피했어요. 그는 일절 고심 없이 시간과 공간을 절대 불변의 실체로 받아들입니다. 이로부터 구성된 우주 역시 불변의 견고한 세계라고 생각했죠.

이 신비로운 공간은 임마누엘 칸트(1724~1804, 독일)의 형이상학에 이르면 무척이나 중요한 역할을 하게 됩니다. 칸트는 시간과 공간 이 둘 다 선험적으로 종합적이며, 셈법이 시간을 다루고 기하가 공간을 다룬다고 주장하지요. 그러는 한편 칸트는 아리스토텔레스(서기전 384~322, 그리스)의 논리학을 완성된 학문으로 평가하고 받아들입니다. 그러나 훗날 버트런드 러셀(1872~1970, 영국)은 논리학에서 '아리스토텔레스 원칙들이 거짓이며, 예외는 중요하지 않은 삼단논법일 뿐'이라고 단언했어요.

우주의 시공간에서 뉴턴의 '중력'은 질량을 가진 두 물체 사이에 작용하는 힘으로 설명되어요. 중력은 물체를 다른 물체의 질량 중심으로 끌어당기는데, 그러면 지구의 질량 중심은 지구 안쪽 깊숙한 곳에 있는 지구의 중심부예요. 낙하 물체가 무엇이든 지구 중심부로 끌리므로 우리가 볼 때 그것은 '아래'로 떨어지는 것이 되죠. 사실 뉴턴의 중력이론은 위아래 개념과 전혀 상관이 없어요. 중력은 두 물체 사이에서 단지 작용하는 힘입니다. 뉴턴은 '힘'을 질량과 가속도의 결합으로 설명했지요(F=ma).

뉴턴은 중력을 계산하는 수학 공식을 고안했어요. $F=Gm_1m_2/r^2$

중력 F는 중력 상수 G를 두 물체의 질량 m_1과 m_2의 곱과 곱하고, 다시 거리 R을 제곱한 양으로 나눈 값입니다.

여기서 F는 두 물체 사이에 작용하는 힘입니다(이것을 측정하는 게 물리학의 'Newton' 단위인데, 1뉴턴은 1kg m/s²이며, 즉 질량 1kg에 1m/s²의 가속도를 주는 힘을 가리킴).

뉴턴은 자신의 중력이론을 이용해서 행성들이 어떻게 태양의 주위를 돌고 위성들이 행성의 주위를 도는지를 설명했어요. 그것은 수학적 계산으로 잘 맞아떨어졌어요. 중력은 행성을 항성 쪽으로 끌어당기는 힘으로 작용하지만, 궤도를 도는 행성은 또한 궤도에 머무르기 위해서 적절한 속도로 움직입니다. 이리하여 중력의 힘은 행성이 일직선으로 날아가 우주로 빠져나가는 것을 막아주지요. 태양으로부터 떨어진 거리에 따라 행성들은 자전과 공전의 속도가 다른데, 이것들은 이미 튀코 브라헤(1546~1601, 덴마크)가 물려준 정밀하고 풍부한 관측 자료와 요하네스 케플러(1571~1630 독일)의 정확한 수학적 표현인 행성 운동 법칙에서 큰 도움을 받은 바가 있어 별다른 어려움 없이 아이작 뉴턴(1642~1727 영국)은 이를 자신의 '보편 중력 법칙'으로 잘 정리할 수 있었어요('만유인력'이라는 용어는 20세기에 일본인 학자의 왜곡 번역으로 널리 사용됨. 뉴턴 자신은 이를 '보편 중력 법칙'으로 표현했음.).

특히 케플러는 행성들이 원운동이 아니라 타원형 궤도 운동을 하는 걸 알아냈는데, 하지만 그는 태양과 행성 사이에 어떤 힘(중력이 아니라)이 작용해서 궤도 운동이 타원형으로 이루어지는지를 밝히지 않았어요. 아마도 케플러는 그 힘을 자기력이나 자기장으로 이해하지 않았을까 추측합니다. 왜냐하면 수학자이자 점성술사인 케플러의 심중에 '중력' 개념이 들어설 가능성이 전혀 없었어요. 다만 당시 잘 알려진 윌리엄 길버트(1544~1603, 영국)의 '지구 자성체' 이론에 마음을 뺏기고 있었으리라 여겨져요. 말하자면 케플러의 운동법칙을 보장해주는 힘은 '중력(gravity)'이 아니라 '자기력(magnetic)'이었다고 보는 게 타당하지 않을까요. 왜냐하면 지구 자체가 하나의 커다란 자석이기 때문에 지구 주위에도 자기장이 형성되어 있으니까요. 마이클 패러데이(1791~1867, 영국)가 전기 분야에서 만들어낸 장(field) 개념이 곧바로 전기장, 자기장, 그리고 전자기장을 창조한 바가 있었거든요.

그러나 정작 뉴턴의 중력이론에서 중요한 점은 뉴턴이 중력 작용에 대해서 아무런 언급을 하지 않았다고 하는 거예요. 뉴턴은 중력이 어떻게 작용하는지는 설명하지 않았어요. 중력을 그저 두 물체 사이에 이루어지는 원격작용으로 처리했을 뿐입니다. 중력 효과는 즉시 전달되는 게 특징입니다. 이렇게 불가사의한 마법 같은 힘으로 뉴턴이 '중력'을 처리하면서, 그가 처음 중력이론을 발표한 한참 동안은 그야말로 중력 반대자와 비판자들을 양산했더랬지요. 나중에 물리 과학자들은 '중력장'이라는 개념을 도입하여 중력의 원격작용을 설명하는 일에 성공하였죠. 이것은 19세기에 전하 사이에 작용하는 전기력을 탐구한 과학자들이 중력과 마찬가지로

'전기력'도 먼 거리에 작용하는 원격작용이라고 정리했으니까요. '중력장 이론'을 채택한 물리학자들은 질량이 있으면 그 주위에 질량에 비례하고 질량으로부터 거리 제곱에 반비례하는 중력장이 만들어지고, 그 중력장 안에 다른 질량이 들어오면 중력장과의 상호작용을 통해 중력이 작용한다고 설명하기 시작했어요.

엎치락뒤치락 이런 과정을 거쳐 '중력'은 물체끼리 상호작용하는 힘으로 정리되었죠. 전기장과 자기장 그리고 전자기장 개념 역시 이런 방식으로 정리되었습니다. 최근 2015년에 중력장의 변화가 파동의 형태로 전파되는 '중력파'가 검출(성공한 3인의 과학자는 그 공로로 2017년에 노벨 물리학상 수상)되어 중력장 개념이 든든한 물리적 기반을 가지게 되었죠('중력파'는 시공간 왜곡의 전파이므로 절대 시간과 절대 공간을 가정하는 뉴턴역학에서는 존재 자체가 불가능함).

다시 말하지만, 중력은 모든 물체에 작용하는 힘입니다. 뉴턴 이후로 과학은 중력과 그의 운동 법칙을 말하지 않고는 한 걸음도 앞으로 나아갈 수가 없었죠. 중력은 낙하 현상, 부력, 양력, 마찰력 등에 관여합니다. 또한 건축, 측량, 항공, 조선, 우주 산업 등 인류의 모든 과학기술의 발전에 중력이 관여합니다. 아이작 뉴턴의 대표 저서 『자연 철학의 수학적 원리』는 전 유럽에 추종자와 숭배자를 끌어모았습니다. 18세기 말에 이르면 뉴턴역학은 과학 혁명에 그치지 않고 사고 혁명, 생활 혁명, 철학 혁명, 인문학 혁명, 예술

혁명, 정치 사회사상의 혁명으로까지 확대되었죠. 뉴턴 과학의 힘이 유럽의 근대화를 거침없이 밀고 나가게 했어요. 18세기 영국의 산업혁명도 사실상 뉴턴의 힘에 인도된 느낌이 강해요. 한때 유럽을 석권한 계몽주의 운동 역시 뉴턴이 선물해 준, 이성의 빛이 계시 종교의 역할을 하고 다방면의 지식인들이 거기에 동조하고 충실히 따른 것일 뿐이었죠.

먼 훗날 알베르트 아인슈타인(1879~1955, 독일/미국)은 중력이 전자기력과는 달리 실제로 존재하는 힘이 아니라고 보았어요. 엘리베이터 사고실험에서 보듯 그는 중력을 가속운동과 같은 것이라고 여겼죠. 그것이 바로 그 유명한 아인슈타인의 '등가원리'입니다. 아인슈타인은 중력이 '시공간의 곡률'임을 주장했어요. 중력은 시간과 공간이 편평하지 않은 까닭에 발생하는 결과라고 보는 것이죠. 다시 말해 시간과 공간은 그 속에 들어있는 질량과 에너지의 분포에 따라 구부러지거나 휘어있다는 거였어요. 19세기에 베른하르트 리만(1826~1866, 독일)은 수학적 사고를 통해 휘어진 공간을 발견하고 비유클리드기하학을 고안했으며, 비유클리드기하학이 생산해낸 곡률 개념을 처음으로 제시했지요. 유명한 '리만기하학'이 바로 그것이죠. 리만기하학은 아인슈타인이 〈일반상대성이론〉을 기술하는 가장 중요한 도구의 하나로 사용되었습니다.

＜과학 스케치 86＞
뉴턴역학과 계몽사상

아이작 뉴턴은 열여덟 살에 케임브리지 대학의 트리니티 칼리지에 입학했어요. 그곳의 정식 공부 과정을 밟아 플라톤과 아리스토텔레스 철학을 배우고 유클리드기하학을 공부했지요. 그러나 그는 여러 종류의 책들을 많이 읽었는데, 주로 데카르트의 책을 꼼꼼히 정독했으며 코페르니쿠스와 케플러의 책들까지 읽으며, 독서 중 의문점을 스스로 '철학에 관한 질문들'이라는 메모장을 만들어 가며 탐독했어요(유클리드의 『기하 원론』 통달함. 케플러의 『광학(1604년 출간)』, 데카르트의 『기하학(1637년 출간)』, 存 윌리스-1616~1703, 영국, 무한대 기호 ∞ 창안-의 『무한산술(1655년 출간)』, 그 외 '수학의 열쇠' 등 유명 수학자의 책과 논문들을 탐독함./흔히 '수학은 과학의 언어'라는 표현은 수학으로 과학이 서술된다는 뜻이라기보다는 기하 원론에서 보듯이 수학이 공리 체계를 대표하는 것이니만치, 과학을 공리 체계에 따라 명제를 증명하여 정리를 찾아내고 공리 자체를 계속해서 끝없이 검증하는 등 객관적이며 체계적으로 서술된다는 뜻임.). 45개의 소제목으로 정리한 메모장은 '물질, 시간, 운동, 우주의 질서, 유동성, 부드러움' 등 물리 철학과 경험 감각에 관한 게 대부분이며 거기에는 초자연적인 문제도 포함되어 있었어요. 20대 뉴턴의 치열한 독서 활동은 아인슈타인의 그것과 비슷한데, 어린 시절부터 독서에 집착하던 베른 특허국 20대 직장인 아인슈타인은 세 명의 벗들과 함께 '올림피아 아카데미'라는 독서 토론 모임을 만들어서 활동했으니까요. 뉴턴과 아인슈타인의 독서 활동은 '끊임없이 질문 던지기'가 특징이었어요. 세상을 뒤바꿀 위대한 이론과 새로운 사상이 그렇게 싹을 틔웠을 테죠.

1703년에 뉴턴은 영국왕립학회 회장으로 선출되었고, 1704년에는 자신이 생애 최고의 역작으로 내세우는 『광학』을 발표합니다. 이 책에서 뉴턴은 데카르트의 생각을 계승해서 빛의 입자설을 주장하지요. 이후 빛의 입자설은 뉴턴의 지적 권위에 힘입어 난공불락의 정설로 굳어집니다.

뉴턴역학은 보편 중력을 밑받침 삼아 천체들의 운동과 자연현상을 똑같이 역학적으로 기술할 수 있게 되었어요. 뉴턴은 르네상스 과학 혁명을 완성함으로써 새로운 역학 시대를 열었습니다. 그가 이전의 산만하고 정성적이던 과학을 정량적이고 수리적인 과학으로 바꾸어놓았죠. 뉴턴은 단숨에 시대의 영웅이 되었습니다. 신은 세상을 창조하고 자연법칙을 만들었지만 더 이상 자연현상에 개입하지 않고 우주는 스스로 기계적으로 작동하게 되었다는 사상이 폭풍처럼 밀어닥치지요. 인간 이성의 힘이 인간의 위대성을 자발적으로 찬양하는 시대에 접어들었습니다. 18세기 계몽주의자들은 '이신론' 사상에 열광하였죠. 중세 때와는 달리 신은 인간 세상에서 설 자리가 없어졌어요. 이성이 신이 되었고 과학이 신이 되었어요. '이신론 사상'은 과학자는 물론 철학자와 신학자들에게도 큰 영향을 끼쳐 근대 문명 시대에 신과 인간과 자연의 관계를 새롭게 정립하도록 촉구했어요. 놀랍게도 뉴턴의 역학은 가장 직접적으로 과학기술 문명의 탄생을 예고했지요. 뉴턴역학이 촉발한 수학의 엄밀함과 실험과학 방법은 광학, 열역학, 전자기학, 화학의 발전을 이끌어 과학기술 문명의 기초를 마련했습니다. 이 점에서조차 아이작 뉴턴은 과학 분야를 넘어 인류 문명사에 한 획을 그은 인물이라고 할 수 있다마다요.

＜과학 스케치 87＞
방사능의 두 얼굴

방사선에는 세 종류가 있어요. 알파선, 베타선, 감마선.

그런데 이것 외에 중성자의 흐름도 방사선으로 취급합니다.

첫째, 알파선은 헬륨 원자핵으로 이루어져 있으며 큰 에너지 때문에 파괴력이 크지만, 투과력이 약해서 얇은 종이로도 차단할 수 있어요.

둘째, 베타선은 전자의 흐름으로서 종이는 잘 통과하지만 얇은 알루미늄판은 통과하지 못해요.

셋째, 감마선은 방사선 중에서 투과력이 가장 강한데, 이를 차단하려면 50센티 두께의 콘크리트 벽이나 10센티 두께의 납판을 사용해야 해요(마리 퀴리-1867~1934, 폴란드/프랑스-가 전쟁 피난 중에 이를 사용함).

끝으로 '중성자선'이 있는데, 이것은 입자가 아니라 전하를 띠지 않는 고에너지 전자파입니다. 이것의 차단은 '물'로 쉽게 되어요.

폐기 핵연료를 수조에 담는 게 바로 그것이지요.

'방사선 마크'는 1946년에 미국 버클리대학에서 처음 만들어졌는데, 하찮은 낙서 행위가 채택되었다고 하네요. 가운데 찍힌 동그란 원은 '원자'를 뜻하고, 3방향으로 퍼져나가는 듯한 부채꼴 모양은 각각 알파선, 베타선, 감마선을 뜻합니다.

'방사능(Radioactivity)'은 우라늄, 라듐, 토륨, 폴로늄 등 방사능 원소의 원자핵이 붕괴하면서 방사선을 방출하는 것을 말해요. 그런데 이 방사능은 그러한 성질이나 특성을 가리키는 것이고, 방사선은 거기서 나오는 전자기파의 일종이지요. 우리가 방사선에 노출되어 피해를 입으면, 이것을 '방사선 피폭'이라고 합니다. 현대인들에게 '방사능'은 무시무시한 이름이지요.

앙리 베크렐(1852~1908, 프랑스)은 1896년에 우라늄의 형광 작용을 연구하던 중에 특이한 빛을 발견하고 이를 '베크렐선'으로 이름 지었어요. 투과성이 강한 복사선이 우라늄 원소 자체에서 나온다는 것을 알아챘지요. 그가 명명한 '베크렐선'은 나중에 피에르 퀴리 부부에 의해 '방사선'으로 개명되는 운명을 맞아요. 어쨌든 방사능을 발견한 앙

앙리 베크렐(1852~1908)

리 베크렐은 피에르 퀴리 부부와 함께 1903년에 노벨 물리학상을

수상합니다. 1896년 방사선의 발견은 1895년 엑스선의 발견과 함께 물질의 가장 작은 최소 단위가 '원자'가 아닐 수도 있다는 과학적 혁신을 가져오게 돼요. 곧이어 1897년에 원자 내부의 '전자'가 발견되고 양성자와 중성자의 발견이 뒤를 따르게 되죠.

＜과학 스케치 88＞
X선과 방사선 촬영

　　X레이 CT 촬영 등 한국은 의료 방사선 노출이 선진국보다 5배나 많아요. 특히 의료 검사 피폭선량의 70%를 차지하는 CT 검사가 문제예요. 복부 CT의 경우 피폭선량이 흉부 엑스레이 100장을 찍는 것과 맞먹어요. 게다가 CT 수가는 일반 진찰비보다 8배나 많아서 병원에서는 툭하면 CT 촬영을 권하지요. 국제적으로 인공 방사선의 인체 허용 한도를 1.0이라고 하면, CT 촬영은 6.9입니다. 흉부 엑스선 촬영은 0.05이고, 위 엑스선 촬영은 0.6에 지나지 않아요. 물론 자연방사선이 있는데, 1인당 1년 세계 평균은 피폭량 2.4로 알려져 있습니다.

　　방사선을 얘기하려면 방사선에 대해 잘 알아야 하지요. 원자 안의 전자는 빛 즉 복사선을 내는데 전자가 내는 복사선은 '가시광선, 자외선, 엑스선'이 있어요. 전자가 복사선을 내기 위해서는 에너지

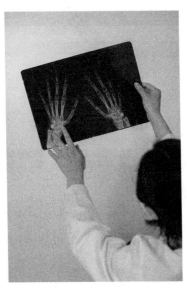

생활 속의 과학: 엑스선을 사용하는 X-ray 촬영

를 흡수해 들뜬 상태가 되었다가 원래의 상태로 돌아가야 하는데, 이때 빛이 나오면서 이것을 복사선이라고 하지요. 이때 작은 원소의 원자들은 주로 가시광선이나 자외선을 내고, 큰 원소의 원자들은 엑스선을 내게 됩니다. 그러니까 가시광선부터 엑스선까지는 원자핵 주위에 있는 전자들이 내는 복사선이죠. 그런데 금속 원자들이 내는 엑스선은 에너지가 커서 위험한 까닭에 '방사선'으로 분류하기도 합니다.

전자와 마찬가지로 원자핵이 방사선을 내기 위해서는 불안정한 상태로 들떠야 해요. 원자핵을 불안정하게 만드는 것은, 핵 속에 들어있는 양성자와 중성자의 비율이지요. 둘의 비율이 맞지 않아 균형이 무너지면 원자핵은 곧장 입자(전자, 알파입자)나 감마선을 방출하고 안정한 상태로 돌아가지요. 이때의 입자나 감마선이 바로 '방사선'입니다. 원자핵이 방사선을 내고 안전한 원자핵으로 바뀌는 것을 '방사성 붕괴'라고 하지요. 방사성을 내는 원소를 '방사성 원소'라고 합니다. 물론 '방사성 동위원소'도 있어요.

그런데 방사성 붕괴는 한꺼번에 일어나는 것이 아니라 시간을 두고 일정한 비율로 일어나요. 방사성 원소의 반이 붕괴하는 데 걸리는 시간을 '반감기'라고 해요. 반감기는 원자핵의 종류에 따라서 각각 다른데, 5/1,000초밖에 되지 않는 것부터 수십억 년에 이르기까지 아주 다양해요. 가령 수 시간 단위의 짧은 반감기를 가진 원소는 많고 많아요. 그러나 '우라늄 238' 같은 것은 반감기가 약 45억 년이고, 가장 무거운 원소로 알려진 '오가네손' 원소는 반감기가 1밀리 초 ms(1/1,000초) 미만입니다.

빛은 전자기파 방사선입니다. 그중에서 X선은 전자기파로서 파장이 짧고 투과력이 강한 방사선입니다. 형광 작용, 전리 작용, 사진 작용이 있어 의료용 엑스선 사진 촬영으로 각광받고 있지요. 전자기학을 정리하고 완성한 제임스 클러크 맥스웰(1831~1879, 영국, 공교롭게도 1879년 아인슈타인 탄생)은 빛이 전자기파의 일종이라고 주장했습니다. 그러나 그는 전자기파를 실제로 측정하지는 못했어요. 전자기파가 실제로 공간을 통해 전파되고 있음을 밝혀낸 과학자는 하인리히 헤르츠(1857~1894, 독일)였어요. 그는 1881년의 '마이컬슨-몰리' 실험(훗날 '에테르'의 존재가 차츰 부정당하고, 결정적으로 1905년 아인슈타인에 의해 빛의 속도는 일정하다고 공인됨) 후에 전기 신호가 공기 중에서 전달될 수 있다는 사실을 자신이 직접 증명했습니다. 헤르츠는 라디오파를 만드는 장치를 개발하고 실험하여 전자기파의 존재를 명시적으로 실증해 보였죠. 말하자면 맥스웰과 패러데이가 앞서 예견했던 전자기파를 실제로 존재 증명한 최초의 인물이 헤르츠인 거예요.

헤르츠는 1887년에 실험을 통해 전자기파를 직접 발견함으로써 전기장이나 자기장이 하나의 설명 개념이 아니라 물리적 실체라는 것을 알게 되었어요. 헤르츠가 행한 라디오파 발견 실험은 이후 전파 통신의 기초가 되었고, 그의 연구를 통해 라디오, 텔레비전, 무선 통신 등 현대 통신 기술의 기초가 마련되었지요. 그의 이름을 딴 진동수 단위 '헤르츠(Hz)'는 그의 공헌을 기리는 것입니다. 우리가 사는 21세기는 그야말로 전자기파를 이용한 무선 통신의 시대라고 할 수 있어요. 우리는 계속해서 헤르츠 시대를 살아가는 거예요.

\<과학 스케치 89\>
오류의 가장자리에 선 최첨단 지식
- 과학

"과학의 목적은 어려운 것들을 더 간단한 방법으로 이해할 수 있게 만드는 것이다. 시의 목적은 간단한 것들을 이해할 수 없는 방식으로 표현하는 것이다. 둘은 양립할 수 없다."

– 폴 디랙(1902~1984, 영국, 1933년 노벨 물리학상 수상)

인간은 과학이라는 지식을 창조했어요. 과학은 지극히 인간적인 지식의 한 형태일 뿐이에요. 과학은 인간만이 누릴 수 있는 고귀한 선물이지요. 과학은 항상 알려진 깃의 최첨단에 서있으며, 모든 지식은 제한적인 것입니다. 하지만 욕망의 과학자는 오류의 가장자리에서 가장 개인적인 판단으로 연구에 매진해요. 불가사의하게도 이것이 과학의 진정한 힘입니다.

지금 우리의 문명은 과학기술이 이루어놓은 문명이에요. 세계는 하나의 과학기술로 통일되었어요. 즉 첨단 지식이 핵심 가치가 되는 세상이지요. 과학은 지식(knowledge)의 라틴어 표현일 뿐입니다. 사이언스(Science)는 '안다(know)'라는 뜻의 라틴어 'scire'에서 유래했어요.

\<과학 스케치 90\>
인간의 감각은 전자기력이다

　우리의 감각을 지배하는 것은 전자기력입니다. 우리가 탁자를 손으로 만진다면 가장 바깥쪽 전자들이 서로를 밀어내는 전자기력이 생겨요. 우리의 손이 탁자 속을 뚫고 안으로 들어가지 못하도록 하지요. 탁자와 손의 전자들이 반발력으로 서로를 밀어내기 때문이에요. 이 세상 물질들의 압도적인 대부분은 양성자와 중성자로 이루어져 있지만, 우리가 이 세상을 느끼고 받아들일 수 있게 해주는 것은 '전자'입니다. 전자는 전체 원자 무게의 0.1%밖에 차지하지 못하는 하찮고 또 하찮은 존재이며, 게다가 전자는 한시도 가만히 있지 않고 끊임없이 움직이는 게 특징이지요. 우리가 어떤 사물을 본다는 것은 그 원자를 장식하고 있는 전자들이 가볍게 반동하는 것과 같아요.

　우리 몸은 30조 가까운 세포로 구성되어 있습니다.

우리의 감각 기관은 다음과 같이 작용하지요.

첫째로 시각 - 우리 눈의 망막에 있는 원자들이 '광파'라고 부르는 전자기파와 접촉함으로써 대상의 정보를 파악해요.

둘째로 청각 - 우리 귀의 이도를 이루는 원자들이 공기를 이루는 원자들과 접촉할 때 서로 간섭하는 전자들을 해독해서 지금의 청각 상황을 파악하게 하지요.

셋째로 미각과 후각 - 우리 혀의 미뢰 조직과 코의 후각 수용체에 있는 원자들이 음식을 이루는 원자들과 접촉할 때 전자의 이동성으로 지금의 먹기 상황을 파악할 수 있어요.

넷째로 촉각 - 우리 손이 무엇을 만지거나 부딪힐 때는 언제나 전자기력이 발생하는데, 달리 말해 전자가 전자를 밀어내는 반발력이야말로 우리가 텅 빈 공간 속으로 빠지지 않게 않게 해주는 주역입니다.

물체의 질량은 세상의 모든 곳에서 '중력'이라는 특별한 존재와 만나게 돼요. 중력이 작용한다는 것이죠. 그러나 중력은 우주의 4가지 힘(중력, 전자기력, 강한 핵력, 약한 핵력) 중에서 가장 미약한 것이에요. 가령 중력 작용을 하는 2개의 소립자들이 있어 갑자기 전하를 띠게 된다면, 이 소립자들은 즉시 전자기력의 지배를 받게 될 것입니다. 전자기력은 어마어마하게 커서 중력의 10^{40}배에 이르러요. 그런데 '강한 핵력'은 전자기력보다 100배 이상 강한 힘입니다. 강한 핵력

은 원자핵 속에 들어있는 양성자(양성자들끼리의 반발력을 무산함)와 중성
자가 함께 원자핵 속에 머물게 해주는 힘이에요. 오직 여기에만 사
용하는 힘이죠. '약한 핵력'은 원자핵이 자연 붕괴 되는 힘이고 따라
서 좀체 찾기 힘든, 숨어있는 힘이라고 할 수 있어요. 정리하자면
'강한 핵력'과 '약한 핵력'은 원자핵 안에서만 작용하는 힘입니다.

원자들끼리는 반발력을 띠게 돼요. 왜냐하면 원자핵은 모두가
음의 전하를 띤 전자구름에 둘러싸여 있기 때문이죠. 전자기력은
'강한 핵력' 다음으로 센 힘이기에 전자의 반발력은 결코 무시할 수
가 없어요. 그래요, 전자 때문에 모든 원자는 일정한 거리를 유지
하게 되지요. 또 한편 전자기력 때문에 우리가 바닥을 통과해 우주
로 떨어지지 않게 되는 거예요.

전자는 아주 작아요. 전자도 질량이 있어 물질의 한 형태이지
만, 질량이 아주 작아서 질량이 없는 광자처럼 행동할 때가 있어
요. 게다가 전자는 기본 입자라서 더 이상 작은 걸로는 분해되지
않죠. 고에너지 입자가속기 안에 넣고 두들겨보아도 전자는 '전자
그대로'입니다(원자핵은 분해가 됨). 어쨌든 반발하는 전자가 있어 세상
을 살아 움직이게 합니다. 어떤 형태로든 전자는 끊임없이 움직여
요. 원자핵 주위를 둘러싼 전자구름 속에서도 전자는 결코 멈추지
않아요. 전자는 이 우주를 구성하고 바삐 움직이는 작은 파편들입
니다. 그러나 우주는 물질과 에너지라는 두 가지 기본 요소로 되어

5장. 인간의 과학 - 과학도 결국 사랑이었네

있는데, 전자는 물질이되 에너지 또는 사용 가능한 에너지가 아니기 때문에 전자는 자발적으로 일하지 않습니다. 전자의 자유로운 이동성과 반발력이 삼라만상을 창조하고 서로를 구별 짓게 하지요.

우주의 에너지는 '위치 에너지'이거나 '운동에너지' 둘 중의 하나예요. 전류가 흐르려면 전자가 갈 수 있는 통로가 있어야 해요. 가령 건전지 속의 화학물질이 지닌 위치 에너지는 이온이나 전자의 운동에너지로 바뀌어 모터를 돌리거나 백열전구의 필라멘트를 가열해 빛을 나게 해요. 아울러 전자는 인체에 전기를 선사해주고 뇌 세포와 근육에 활력을 주는 존재입니다.

<과학 스케치 91>
우주 팽창과 빅뱅 우주론

옛사람들은 종교와 신화를 통해 우주의 탄생을 밝혔어요. 그러던 것을 고대 그리스 철학자들이 우주의 기원에 대해 합리적으로 논하기 시작했지요. 에피쿠로스학파는 혼돈 속에서 태어난 우주가 점차 완전성을 향하여 나아간다고 보아 변화무쌍한 우주를 논의했어요. 반면에 아리스토텔레스(서기전 384~322, 그리스) 계열의 철학자들은 영원하고 불변하는 완전무결한 우주를 주장했어요. 그런데 기독교 교리와 결합한 아리스토텔레스 철학은 중세 시대 내내 막강한 지적 권위를 누렸어요. 이런 까닭에 무한한 우주를 제창한 조르다노 브루노(1548~1600, 이탈리아)는 1600년에 기독교 교회 측에 의해 반체제 인물로 낙인찍혀 화형을 당하고 말죠.

세월이 흘러 아이작 뉴턴(1642~1727, 영국)은 우주를 어떻게 생각했을까요? 그는 자신의 체계적인 과학 이론을 바탕으로 탐구한 끝에 우주는 무한하다는 결론을 내렸습니다. 만약에 우주가 무한하지 않으면, 자신의 보편 중력(만유인력) 법칙의 작용으로 천체가 끌어당겨져 한곳으로 충돌할 것으로 보았던 것이죠.

아인슈타인(1879~1955, 독일/미국)은 우주의 무한이나 팽창에 대해 어떻게 생각했을까요? 1915년에 발표한 〈일반상대성이론〉에서 아인슈타인은 우주 방정식을 통해 우주가 팽창하거나 수축한다는 결론이 나온다는 것을 잘 알고 있었어요. 그러나 그는 뉴턴이 주장한 대로 고정불변의 우주[정상우주론]를 굳게 믿었기에 팽창하는 우주를 쉬 받아들일 수가 없었어요. 고심 끝에 아인슈타인은 '우주 상수'라는 항을 집어넣어 팽창하는 우주를 꼼짝 못 하게 묶어두었죠. 이론적으로 우주를 정지 상태로 유지하기 위한 임시방편이라고 할까요, 그랬습니다.

그러나 과학적 진실은 반드시 밝혀지며 속임수 같은 임시 조치는 탄로 나기 마련이죠. 1929년에 에드윈 허블(1889~1953, 미국)은 우주가 팽창한다는 '허블 법칙'을 발표합니다. 우리 은하 바깥에 다른 은하, 곧 안드로메다를 발견한 여세를 몰아 허블이 우주 팽창의 사실을 요지부동의 증거로 여럿 들이민 거예요. '허블 법칙'의 등장으로 아인슈타인은 정상우주론의 고집을 꺾고 자신의 방정식에서 '우주 상수'를 삭제하게 됩니다. 하지만 그 이전까지는 팽창우주를 예측하고 수학적으로 정리한 이론이 쏟아져 나오는데도 아인슈타인은 이를 모른 체하고, 심지어는 자신의 〈일반상대성이론〉에 바탕을 둔 팽창우주설 제안마저 백안시하고 제안자를 모욕하기까지 했지요.

'허블 법칙'으로 우주의 나이가 밝혀집니다. '허블 상수'의 역수가 바로 우주의 나이가 되거든요. 측정할 때마다 조금씩 달라지지만, 현재 과학자들은 우주의 나이를 약 138억 년으로 추정하고 있습니다.

'허블 법칙'보다 앞서서 우주가 팽창한다는 사실을 밝힌 동시대 과학자가 있습니다. 조르주 르메트르(1894~1966, 벨기에, 가톨릭 신부/교황청 과학원 원장)가 1927년에 우주 팽창에 관한 논문을 발표해요. 그 역시 아인슈타인의 〈일반상대성이론〉을 검토하다가 팽창하는 우주 모형을 발견하게 된 거예요(그는 우주 최초의 원점을 '태초의 원자'라고 명명함/'우주 알' 이론). 르메트르가 성경과 일치하는 우주 모형을 찾기 위해 애를 써다가 아인슈타인을 만나게 된 것이죠. 그러나 아인슈타인은 르메트르의 생각을 옳다고 받아들이거나 찬성하지 않았어요. 오히려 백안시하고 면박을 주기까지 했죠. 그는 아리스토텔레스와 뉴턴으로부터 이어져 온 '우주의 완전성, 불변의 우주'를 신앙처럼 믿었던 거예요.

하지만 1929년에 '허블 법칙'이 알려지면서 르메트르의 생각이 옳았다는 것이 밝혀졌어요. 그쯤 해서 아인슈타인은 자신의 '정상

우주론'을 마침내 포기하고 말았죠. 그렇지만 '고정불변의 우주'에 집착한 많은 과학자들은 팽창하는 우주를 끝까지 불신했습니다. 빅뱅 우주론의 탄생을 전후하여 두 진영의 과학적 논쟁은 더욱 치열하게 전개되어 갔어요.

1948년에 조지 가모프(1904~1968, 미국)가 『화학 원소의 기원』이라는 책을 출판합니다. 거기서 그는 우주가 시작된 대폭발 초기에 우주에 퍼져 있는 화학물질의 분포를 설명하려 했어요. 조지 가모프는 팽창우주론에 '빅뱅 우주론'이라는 새 이름표를 달아주었지요. 그는 처음 빅뱅이 일어났을 때 엄청나게 뜨거운 열이 열핵 폭발로 인해 발생하는데, 그 흔적이 우주에 남아있으리라고 예측했어요. 이것이 바로 '마이크로파 우주배경복사'인데 그것은 전자기파로서 우주 어느 방향에서나 관측이 가능한 것으로 알려졌어요. 빅뱅 후 우주의 배경을 이루고 있다고 해서 붙인 이름이 '우주배경복사'입니다.

우주배경복사('빅뱅설'의 절대 근거가 됨)를 찾으려는 과학자들의 집요한 노력이 드디어 빛을 발하는 순간이 찾아왔어요. 1965년에 미국의 프린스턴대 천문학자 '로버트 딕'이 그 행운과 처음 조우했어요. 빙허 현진건(1900~1943)의 소설 『운수 좋은 날』이 생각나는 역사적 장면이 마치 일장춘몽인 양 지나갑니다. 우주배경복사(Cosmic Microwave Background/CMB)를 발견할 꿈에 부풀어 모든 준비를 끝낸 로버트 딕 연구팀에게 이상한 잡음을 잡아달라는 주문 전화가 들어왔어요. 대학에 문의한 옆집 사람들인 벨연구소의 연구원인 아르노 펜지어스와 로버트 윌슨은, 그러나 이 전파의 중요성을 곧바로 눈치채고 발견의 권리를 독점했습니다. 우여곡절 끝에 그 둘은 우주배경복사를 발견한 공로로 1978년에 노벨 물리학상을 수상하게 되어요. 후후후 천문학자 로버트 딕으로서는 1965년 그날 운수 좋았던 날이 사실은 가장 운수 나쁜 날이 되었던 셈이죠.

우주의 시작을 연구하는 과학자들은 빅뱅이 일어나고 10^{-43}초 후 첫 우주의 모습을 알아내는 데 성공했어요. 이 찰나의 시간을 '플랑크 시간'이라고 합니다. 이때 광자와 입자 반입자들이 어지럽게 날아다녔죠. 입자와 반입자는 서로 충돌하면서 소멸하는 쌍소멸을 하고 빛을 방출했지요. 반대로 높은 에너지를 가진 빛은 입자와 반입자를 동시에 생성하고 없애는 쌍생성을 일으켜요. '쌍생성'과 '쌍소멸'이 일어나는 과정에서 최종적으로 입자들이 더 많이 살아남았죠. 그래서 지금 우리가 반물질이 아니라 물질로 구성된 우주에 살아가는 것이랍니다.

빅뱅 후 10^{-6}초가 지나자 양성자와 중성자가 생겼어요. 빅뱅 후 3분이 지났을 때는 양성자와 중성자가 만나 원자핵을 만들 만큼 온도가 내려갔어요. 빅뱅 후 38만 년이 지나자 전자는 원자핵에 포획되어 원자가 되었고요. 수소 원자와 헬륨 원자가 탄생합니다. 중성의 원자가 만들어지면서 빛은 더는 산란하지 않고 직진할 수 있게 되었고, 그렇게 되자 우주가 맑아졌어요. 그 이전의 우주는 입자들과 충돌하는 빛 때문에 마치 안갯속처럼 우주가 뿌옇게 보였다고 해요. 빅뱅 후 7억 년이 지나자 수소와 헬륨이 모여서 핵융합 반응을 일으켰는데, 그 과정에서 최초의 별이 탄생하고 별들이 모여 은하가 탄생하고 은하가 모여 은하단이 탄생하고 오늘날 우주의 모습이 갖추어지게 된 것입니다. 오늘의 모습까지 시간은 무려 138억 년이 걸렸습니다.

<과학 스케치 92>
숫자 표기법과 근대 과학

인류 문명의 바탕은 예외 없이 생각과 언어이며, 수학은 유일무이한 보편 생각이며 보편 언어입니다. 수학은 그 자체가 언어입니다. 그래서 수학을 아는 자는 세계인 누구라 해도 소통이 가능하나, 수학을 모르는 자는 서로가 이웃집에 산다고 하더라도 소통할 수 없어요.

많은 수의 수학자들은 거의 플라톤(서기전 427~347, 그리스)주의자들입니다.

처음부터 수학은 가장 세련되고 복잡한 과학이라고 할 수 있어요. 지금과 같은 숫자 표기법은 15세기 즈음해서 아랍인들을 통해 유럽에 알려지게 됩니다. 그때까지만 해도 유럽의 숫자 표기는 어설픈 로마식뿐이었는데, 그것은 낱낱의 것을 상황에 맞게 추가하여 숫자를 조합하는 유치한 방식이었습니다. 그것은 가령 1852를 표기한다면 'MDCCCXXV' 라고 쓰는 것이죠. 그 내용을 풀이한다면 'M=1000, D=500, C+C+C=300, XX=200, v=5'를 나타내는 거예요.

다음을 로마자로 계산을 한번 해볼까요? 1230 + 220 = 1450

MCCXXX + CCXX = MCCCCXXXXX(C가 4개면 CD, X가 5개면 L로 표기) 그러면 답은 MCDL입니다. 이런 방식으로 이것을 계산하는 유럽인들은 전부 천재 아니면 바보일 수밖에요. 70은 로마 숫자로 LXX, 90은 XC. 1000은 M. 그래서 1995를 로마 숫자로 표기하면, MDCCCCLXXXXV로 나타납니다. 매우 길고 복잡해요. 그 이전까지 유럽인들이 이런 걸로 계산하고 수학 공부를 했으려니 정말이지 놀랍고 또 놀랍고 불쌍할 따름입니다. 가령 조지 오웰(1903~1950, 영국)의 작품 『1984』를, 옛 서양이라면 『MCMLXXXIV』로 표기했을 테죠.

그런데 이슬람권에서는 이런 숫자 표기법을 진작에 현대적인 십진법으로 바꾸었습니다. 이렇게 말이죠. 0 1 2 3 4 5 6 7 8 9.

이슬람권에서는 현대의 십진법을 서기 750년쯤에 인도에서 도입했는데, 중세 유럽에서는 전혀 알려지지도 도입되지도 않고 500년 이상의 세월이 흘렀던 거예요. 중세 이슬람 세계의 문화적 중심지인 바그다드와 다마스커스, 알렉산드리아, 코르도바 등지에는 수많은 학교와 학술원, 도서관, 번역원, 박물관 등이 건립되어 문화 발전의 기둥 역할을 하였죠. 그런데 유럽에서는 중세 시대 내내 기독교 교리와 충돌하는 그리스 사상과 철학들은 은폐되고 억압되고 날조되었습니다.

이와 달리 이슬람권은 처음부터 열린 마음으로 고대의 그리스 문헌들을 스스럼없이 대했어요. 9세기 바그다드의 '지혜의 집' 관리자인 콰리즈미(780~850?, 아라비아, 수학자)가 『대수학』이라는 수학책을 출판합니다. 이 책은 인도의 숫자와 계산법을 체계적으로 정리해서 출판한 것으로 우리가 오늘날 숫자를 '아라비아 숫자'라고 하는 게 여기서 유래된 거예요(지금은 정확하게 '인도-아라비아 숫자'로 공식 표현함). 한때 이슬람의 지배를 받았던 스페인이 이슬람 문화 전통을 받아들이는 일에 가장 앞장서게 돼요. 이때의 스페인이야말로 유럽 문명권에 등장한 '르네상스'의 발상지라고 할 수 있어요. 십자군 전쟁과 문화 교류를 통해 고대 그리스의 사상과 문화 지식이 유럽에 첫발을 들여놓게 되지요. 12세기 스페인에서 고대 문화의 부활이 싹을 틔웁니다. 톨레도의 유명한 번역 학교를 통해 이것이 상징적으로 표현되고 있었죠. 그곳에서부터 고대 그리스 문헌들이 그리스어에서 아랍어와 히브리어로, 그것이 다시 라틴어로 번역되는 과정을 거치고 있었어요.

피보나치(1170~1250, 이탈리아)가 북아프리카에서 아동 시절 아랍계 이슬람 학교에서 아라비아 수학을 배워 이탈리아로 돌아와 1202년에 자신의 라틴어 수학책 『산반서(Liber abaci: The Book of Calculations)』를 펴냅니다. 이 책은 1에서 9까지와 0의 숫자를 사용한 인도식 단위 기수법으로 자유롭게 구사하여 당시의 수학 문제를 총괄적으로 다루었으며, 이후 수 세기 동안 유럽 대륙에서 베스트셀러가 되었죠. 이 책은 유럽에 '인도-아라비아 숫자'를 보급하는 절대적 계기가 되었습니다. 16세기의 수학자 카르다노(1501~1576, 이탈리아)가 피보나치를 찬양합니다. "그리스 수학 이외에 우리가 터득한 수학 지식은 모두 피보나치의 출현으로 얻은 것이다."

아리스토텔레스(서기전 384~322, 그리스)는 가假무한과 실實무한을 구별짓고, 실무한이 우리의 정신이 감당할 수 없을 만큼 크다 하여 이것을 배척했어요. 그러나 알다시피 신의 힘은 실제로 무한해요. 성 아우구스티누스(354~430, 로마제국)는 신이 실무한이며 실무한이야 말로 신이라고 주장하기까지 했어요. 그러나 중세 유럽 내내 당대 유일한 철학자로 행세한 신학자들은 아리스토텔레스의 지침에 따랐을 뿐, 그리하여 자연수 집합이 무한 집합이 분명한데도 19세기에 들어 오직 칸토어(1845~1918, 독일)만이 집합과 무한에 대해 말하기 시작했지요(칸토어의 베이컨 가설 - 칸토어는 셰익스피어 희곡의 작가로 '프랜시스 베이컨'을 지목하고 그를 집중적으로 연구했음).

<과학 스케치 93>
과학적 방법론을 찾아서

모든 사물은 변하며 또 변할 수 있어요. 과학은 도전할 수 없는 불변의 진리를 인정하지 않습니다. 과학 세상에는 모든 가능성이 열려있지요. 그래서 기존 이론을 검토하고 다듬는 일이 아주 중요해요. 과학 지식의 중요한 부분은 이전의 발견과 이론에 기초를 두고 있습니다. 뉴턴이 말했다고 전해지는 "거인의 어깨 위에 올라서서 더 멀리 볼 수 있었다."라는 표현은 과학자들의 공통된 마음 바탕이 아닐까 여겨지는데요. 앞선 이론들을 검토하여 다듬고 수정하고 드디어 새 이론을 만들어내고 하는 것이 과학의 본질이라고 하지 않을 수가 없어요.

신화나 조자연적인 존재에 의존함이 고대인들의 앎의 방식이지요. 예를 들어 '밤하늘에 별은 왜 반짝이는가'라는 물음에 신화와 종교는 이렇게 답합니다. - 별은 신이 하늘에 걸어놓은 빛이라거나 별 자체가 바로 신이라고… 그러던 참에 지식의 깨침으로 우주 자연을 이해하려는 최초의 철학자가 나타났으니, 그가 탈레스(서기전 624~546년, 그리스, 서양 철학의 아버지/만물의 근원으로 '물' 지목)입니다. 그는 최초로 태양이 신이 아니고 별이 신이 아니라 물리적인 천체라고 주장했어요. 객체를 뚫어보는 그의 눈에 태양은 하늘에 떠있는 불타는 원반이었습니다. 이후 그리스 철학은 아리스토텔레스(서기전 384~322, 그리스)가 집대성하여 완성하는데, 놀랍게도 그의 사유 방식과 논리적 처방이 중세 기독교 시대를 내내 지배하게 됩니다.

과학적 방법론은 요약하면 연역법과 귀납법이 있어요. 연역법은 아리스토텔레스가 말한 '삼단논법'을 일반화한 것인데, 쉽게 말해서 참의 전제로부터 결론을 끄집어내는 사유 방식입니다. 그에 반해 귀납법은 낱낱의 경험적 사례로부터 일반 법칙을 찾아가는 사유 방식이지요.

현대 과학의 물꼬는 '귀납법'으로부터 트였습니다. 과학적 방법론을 대표하는 것은 '귀납법'입니다. 귀납주의 방법론의 첫 주자는 프랜시스 베이컨(1561~1626, 영국)입니다. 연구자가 관찰하고 결과를 보고 문제를 파악하고 가설을 세우는 과정을 거쳐요. 가설은 엄격한 실험과 정밀한 관찰을 통해 수정되거나 법칙으로 자리 잡게 되지요. 아 참, 이때 수학적 모델링이 또한 가능하고 필요해요.

과학적 방법론의 보기를 한번 들어볼까요.

존 돌턴(1766~1844, 영국)은 원자와 화학을 연결한 최초의 사람입니다. 그는 모든 화학 원소가 저마다 고유한 원자 설계를 지닌다고 주장했지요. 돌턴은 수소를 원자량 1의 기본으로 하고 각 원소의 상대 원자량을 나타내면서, 이때 그는 원소들이 1:1의 비율로 결합한다는 가설을 세웠죠. 그래서 수소 원자 1개와 산소 원자 1개가 결합해서 물이 된다고 보았어요. 사실은 수소 원자 2개와 산소 원자 1개가 결합해서 물(H_2O)이 되는 거잖아요. 그땐 그랬어요. 돌턴의 과학 세계는 그리고 또한 원소에 들어있는 원자들은 제각각 딴 종류의 물질들로 이루어졌다고 주장했었더랬지요. 이렇듯 과학적 방법론은 잘못된 가설을 수정하며 이론이 변화 발전의 길을 밟으며, 하나의 법칙이나 보편 진리로 우뚝 서게 되는 과정을 잘 보여 줍니다.

<과학 스케치 94>
희미한 옛사랑의 그림자

제임스 채드윅(1891~1974, 영국)은 대학 시절 지도 교수인 어니스트 러더퍼드(1871~1937, 뉴질랜드/영국)에게서 들은 지식 한 토막을 한 송이 선물처럼 가슴 속에 꼭 품고 있었어요. 그것은 양성자와 전자가 결합하여 전기적으로 중성을 띠는 입자가 있을 것이라는 가정이었죠. 언젠가는 자신이 그것을 찾아내고 말겠다는 꿈 말이에요. 그러던 중 기회가 어느 날 참말로 찾아왔어요. 채드윅은 1932년에 방사성 원소 실험 논문을 이것저것 보게 되는데, 거기서 실험 결과 발견된 정체불명의 방사선을 보고 그는 한눈에 그것이 '중성자'임을 눈치챘습니다.

당시 논문 작성자인 '졸리오-퀴리' 부부에게는 중성자 개념이 전혀 없었던 거죠. 채드윅은 그들의 실험을 여러 번 따라 하면서 더욱 첫 마음을 굳혔고, 이어서 그는 자신만의 최신 기기를 사용하고

제임스 채드윅(1891~1974)

자신만의 다양한 실험을 통해 중성자 발견을 확신하게 되었어요. 채드윅은 마침내 입자 속의 입자를 찾았죠. 1932년에 그는 「중성자의 존재」와 「중성자의 존재 가능성」이라는 두 편의 논문을 발표합니다(채드윅은 중성자를 발견한 공로로 1935년에 노벨 물리학상을 수상).

〈과학 스케치 95〉
중력은 왜 물체를
아래로 떨어지게 할까

중력은 물체를 다른 물체의 질량 중심으로 끌어당기는 힘이에요. 중력은 두 물체 사이에 작용하는 힘일 뿐 위와 아래 위치랑은 아무 관련이 없어요. 우리가 지구의 어디에 있든지 무엇을 떨어뜨리든지 그것은 지구 중심부로 끌리므로 '아래'라는 방향으로 움직이는 것이죠. 하지만 지구 바깥에서 이것을 본다면 떨어지는 방향이 제각각이 돼요. 모두 다른 방향으로 움직이는 거예요.

이와 같은 중력의 근본 특성은 갈릴레오 갈릴레이(1564~1642, 이탈리아)가 체계화한 자유낙하의 보편성(University of Free Fall/UFF '약한 등가원리'라 칭함)과 맞닿아 있어요. 쉽게 말해 약한 등가원리와 자유낙하의 보편성은 동치인데, 이것의 가장 정밀한 검증 실험으로는 1890년 외트뵈시(1848~1919, 헝가리)의 비틀림 저울 실험이 유명해요. 현대적인 등가원리,

즉 '강한 등가원리'는 1907년에 알베르트 아인슈타인(1897~1955, 독일/미국)이 상대성이론에서 발견했어요(아인슈타인의 엘리베이터 사고실험-중력과 가속도의 국소적 등가. 중력과 관성력은 같음./'등가원리' 용어는 1912년에 아인슈타인이 처음 사용.). '강한 등가원리'는 중력을 포함하여 모든 물리법칙에 대한 것으로 아인슈타인의 〈일반상대성이론〉에서 마땅히 도출되는 개념이에요. 아인슈타인은 빛의 굴절을 자신의 등가원리[곧 〈일반상대성이론〉]에 대한 가장 중요한 검증 수단으로 여겼지요. 우리가 살아가는 지구는 비유클리드적 평면입니다. 우리의 우주 공간 역시 비유클리드적 공간이에요. 우리가 잘 안다고 하는 3차원의 공간은 사실은 우리가 느끼지 못하지만 4차원적으로 휘어져 있어요. 비유클리드의 공간이라는 것이죠. 예컨대 정삼각형 내각의 합은 180도입니다. 그러나 지구 지표면에서 가령 북극점에서 적도까지 정삼각형을 그려보면, 그 내각의 합은 270도가 되어요. 지표면이라는 2차원 좌표계가 지구 중심점을 기준으로 3차원적으로 휘어져 있기 때문이지요.

태양계에서 중력의 힘은 행성들을 태양 쪽으로 적당히 끌어당겨 그것들이 타원형 궤도를 그리며 돌게 하는 힘으로 작용합니다. 같은 궤도를 유지하기 위해 태양과 가까운 쪽은 빨리 돌고 훨씬 더 먼 거리의 행성은 천천히 이동합니다(태양과 가까운 지구는 초속 30km로 이동하고, 멀리 있는 토성은 초속 10km로 이동함-이런 법칙마저도 지구 입장에서는 고맙기 짝이 없는 기적이라고 할 수 있음).

5장. 인간의 과학 - 과학도 결국 사랑이었네

⟨과학 스케치 96⟩
전자기 방사선
EMR(electro magnetic radiation)

휴대전화 신호 전파나 전자레인지나 치과의 촬영 X선이나 모두 전자기 방사선의 한 형태입니다. 이들은 전자기 스펙트럼의 서로 다른 부분에 속하며, 서로 다른 파장으로 서로 다른 특성과 서로 다른 에너지를 전달하지요. 전파(자외선, 적외선, 마이크로파, X선, 무선전파, 감마선) 시대는 파장과 주파수는 동일하게 유지하지만, 진폭에 변화를 줌으로써 오디오나 다른 정보를 부호화할 수 있고 기술 장비나 의학 치료용으로 광범위하게 활용하면서 곧장 현대 통신 문명을 열게 됩니다(빛의 매질인 신비의 '에테르'는 그리스 신화에 나오는 신들이 마시는 특별히 순순한 에센스인데, 플라톤은 4 원소를 넘어서는 매우 '순수한 공기'라고 설명했고, 아리스토텔레스는 지구 너머의 우주 공간을 채울 원소로 제안했음/1887년 마이컬슨-몰리의 실험 때문에 '에테르의 존재가 부정됨).

<과학 스케치 97>

블랙홀은 밀도 높은 빨아들임이지 우주의 구멍이 아니다

우리가 보통 알고 있는 블랙홀의 개념은 물체가 가까이 다가가면 빨려 들어가고 마는 거대한 구멍이라는 거예요. 그러나 블랙홀은 우주의 구멍이 아니라 오히려 그 반대입니다. 구멍은 물질에 틈이 있는 것을 말하죠. 그러나 블랙홀은 물질이 너무 많아서 모든 것을 끌어당기는 엄청나게 강력한 중력을 만들어내는 곳이에요(블랙홀의 중력은 태양의 65억 배). 블랙홀 주위의 '사건의 지평선'은 물질과 에너지가 안으로 끌어당겨지는 시공간 상의 경계를 나타냅니다. 하지만 블랙홀은 우리에게 그냥 허공으로 보일 뿐, 실상은 중력장이 매우 강한 영역으로 빛을 포함하여 어떤 물질이나 정보도 탈출할 수 없는 시공간 상의 중력 특이점을 가리킵니다.

블랙홀(Black hole)의 생성 원리는 1939년에 로버트 오펜하이머

(1904~1967, 미국, 원자폭탄의 아버지)와 제자인 하틀랜드 스나이더가 최초로 제안한 것입니다. 이들은 질량이 큰 별이 수명이 다하여 자체적으로 붕괴할 때 중심핵을 향해 떨어지는데 이때 밀도가 점점 더 높아진다고 보았어요. 밀도가 높아지면 물질에 작용하는 중력이 더욱 증가하고 더 많은 물질이 안쪽으로 끌어당겨지지요. 그러면 마침내 별을 구성하는 물질은 매우 작은 부피로 압축되고 밀도가 엄청나게 높아져서 이곳에는 빛조차 빠져나갈 수 없게 되는데, 이것이 바로 '블랙홀'이라는 것이죠. 쉽게 말해서 밀도가 아주 높은 별 중심부가 '블랙홀'입니다.

블랙홀은 '사건의 지평선'을 가로지르는 물질을 끌어들일 뿐만 아니라 다른 블랙홀과 합쳐지면서 더 큰 블랙홀로 성장할 수 있어요. 몇십 년을 두고 〈일반상대성이론〉이 예측한 중력파가 궁금하던 차에 2015년에 마침내 두 블랙홀이 충돌하면서 발생한 중력파가 발견되었답니다(중력파 검출의 공로로 3인의 과학자가 2017년 노벨 물리학상을 수상함).

<과학 스케치 98>
속속들이 지구의 속을
들여다볼거나

　원시 지구에는 대기권에 온실가스인 수증기와 이산화탄소가 풍부했으므로 지구가 생명체가 살기에 쾌적한 환경이 될 수 있었어요. 이 가스들은 열이 우주로 빠져나가지 못하게 가두는 역할을 했지요. 여기에 메탄이 첨가되면서 지구가 한층 따스해지면서 생명체들이 살기 좋게 되어갔어요. 이렇게 해서 생명의 별 지구가 탄생합니다.

　지구의 표면에 지각이 있고 지각에는 풍부하고 다양한 환경이 만들어져 있어요. 우리 발밑에는 맨틀이 있고 맨틀은 속으로 뻗어 내려 마침내 지구핵과 만납니다. 맨틀은 암석으로 이루어져 있고 지구핵은 대부분 금속으로 이루어져 있어요. 처음에 지구는 전체적으로 거의 균일하게 뜨거운 바윗덩어리였어요. 맨틀과 지구핵은 지구 역사 초기에 분리되었는데, 무거운 금속이 뜨거운 기운에 녹아 바위 틈새로 들어가 중력의 작용으로 지구 중심 쪽으로 빨려 들어갔지요(녹은 철로 이루어진 지구핵에서 전자가 움직이는 것이 지구 자성의 근원임-지구 자체가 거대한 자석임/지구 자장은 태양풍이 비껴가게 하여 지구를 지키는 역할을 하나 극지방 근처는 자장이 약해서 태양풍 입자가 침투하여 대기 중의 가스 분자가 충돌하는데, 이것이 '오로라 현상'으로 나타남). 지각은 활동적이고 변화가 많아서 지구 역사 45억 년 동안에 상당히 많이 바뀌었지만, 지구 내부인 맨틀과 지구핵은 둘이 분화되기 시작한 이후 거의 변하지 않았습니다.

말랑말랑 과학 공부

<과학 스케치 99>
존재의 사슬과 다윈의 진화론

'존재의 사슬(chain of being)'이라는 게 있어요. 아브라함 종교, 곧 그것의 시작인 유대교에서 밝힌 존재의 계층 구조입니다. 완전성의 순서대로 존재를 배치한 것이죠. 맨 아래에는 바위 등의 무생물이 있고 위로는 식물이 있고 그 위에는 동물이 있고… 그러면 맨 위에는 천사와 같은 신적 존재가 있고 그 바로 아래는 인간이 있어요. 존재의 사슬은 위로 올라갈수록 점점 더 강력한 힘을 가진 존재들을 배치하는 구조를 보여줍니다.

이것은 여호와 유일신이 모든 생명을 창조하였고 인간은 천사 바로 아래 단계로 자연 질서의 정점에 자리를 잡도록 했어요. 인간은 신으로부터 자연을 이용하고 자연을 관리하는 의무와 권한을 부여받았죠. 유대-기독교에서 전능한 신이 우주를 창조할 때 모든 자연계를 한 번에 창조했기 때문에 '존재의 사슬'이 필연적으로 따를 수밖에요.

찰스 다윈(1809~1882, 영국)이 1859년에 『종의 기원』(원제목은 '자연선택을 통한 종의 기원 또는 생존 투쟁에서 선택받은 품종의 보존에 대하여')을 출간합니다. 1831년부터 비글호를 타고 박물학자로서 세계 일주를 떠나는데, 특히 에콰도르 연안의 갈라파고스 제도에 서식했던 한 종류의 새(갈라파고스핀치=다윈의 핀치)에서 진화론의 영감을 받고 자료를 정리한 끝에 나온 결과물이 그 유명한 책, 약칭 『종의 기원』입니다. 갈라파고스 제도에는 온갖 먹이가 풍부했는데, 핀치새는 다양한 목적에 적합한 부리를 가지고 이런 먹이를 먹도록 진화했다는 것이죠. 예컨대 열매를 깨어 먹는 새는 짧고 튼튼한 부리로 대물림되고, 좁은 곳에 숨어있는 곤충을 잡아먹는 새는 길고 아주 더 긴 부리로 대물림되었으리라는 영감을 얻었던 거예요. 『종의 기원』에서 결론을 한마디로 요약하면 '모든 종은 공통의 조상에서 유래했다'라는 것이죠(현대 과학의 관점에서 보면 공통의 조상은 유전자 DNA).

사회학자 허버트 스펜서(1820~1903, 영국)는 생물학적 종의 진화와 사회 진화 과정 연구에 몰두하다가 다윈의 『종의 기원』을 접하고서 1864년에 자신의 책 『생물학 원리』 속에 '적자생존'이라는 용어를 처음 언급합니다(사회 다윈주의 창시). 다윈은 스펜서를 높이 평가하여 개정판에 '적자생존'이라는 개념을 받아들여요. 그 결과 '적자생존'이라는 용어가 제국주의 시대를 거쳐 극한 자본주의 시대인 오늘날까지 맹렬한 생존경쟁과 자연선택의 기준이 되고 말았죠. 다윈은 자신의 진화론에 오남용 위험이 있다는 사실을 예지했으나, 치명적인 것이 되리라고는 차마 생각하지 못했을 거예요. 외사촌인 프랜시스 골턴(1822~1911, 영국, 통계학의 선구자)이 자신의 연구 성과 『종의 기원』에 자극되고 영감을 받은 나머지, 가축을 개량하는 것처럼 '우수한 남녀를 짝지어서' 인간을 최상의 상태로 개량할 수 있다는 '우생학(eugenics: 그리스어로 '잘 태어난'의 뜻/골턴이 명명)'을 창시하자 그것을 진지한 학문으로 보고 선뜻 어깨동무했더랬지요.

다윈은 1871년에는 『인간의 유래와 성 선택』을 출간하여 자신의 진화론 사유를 집대성하고 종지부를 찍습니다. 그러나 다윈의 동시대인들이나 20세기 대다수는 인간이 여타 동물과 다르지 않으며 다른 동물과 마찬가지로 일련의 적응 과정을 통해 진화했다는 개념을 쉽사리 받아들이지 않았습니다. 서구 역사에서 인간은 창조주 신을 대리하는 특별한 존재라는 생각을 떨쳐버리기가 힘들었을 테죠. 진화론을 찬성하고 수긍한다면 인간의 계급이 다른 모든 동식물을 지배하고 관리하는 사슬의 정점에서 크게 한 단계 내려간 것이 되니까요. 다윈의 진화론을 바라보는, 서구인과 그리스도교 집단이 지닌, 속상하고 안타깝고 곤혹스럽고 서글픈 그 마음이 충분히 이해되고도 남고말고요.

\<과학 스케치 100\>
과학은 사랑일까,
과학 사랑은 과학일까

우주에 대해서 가장 이해할 수 없는 것은, 우주를 이해할 수 있다는 사실이다

- 알베르트 아인슈타인

    1927년에 베르너 하이젠베르크(1901~1976, 독일)가 도출한 양자 세계의 '불확정성원리'는 양자물리학의 기본 원리입니다. 원자보다 작은 미시의 세계에서 일어나는 입자의 모든 것을 알 수 없다는 이유를 잘 설명하고 있어요. 그것은 우리가 극미의 세계에서 대상을 측정하는 그 행위 자체가 측정 대상에 변화를 주기 때문에 입자의 운동과 존재 상태를 동시에 알 수 없다는 양자물리학의 기본 원리입니다. 한마디로 입자의 정확한 위치를 알면 그 운동량을 알 수 없다는 것이죠. 동시에 그 둘을 다 만족시킬 수는 없다는 것입니

다. 그런데 이것이 우리가 과학 지식이 부족해서 그런 게 아니라, 그 자체가 바로 우주의 근본적인 존재 방식이라는 것입니다.

과학은 사랑일까요? 과학 사랑은 과학일까요?

분자에 들어 있는 원자를 나타내는 표현으로 '분자식'이 있습니다. 예컨대 물 분자의 축약 구조식 H_2O는 수소 원자 2개에 산소 원자 1개가 들어있다는 뜻이지요. 여기서 중요한 것은 1957년에 분자 모양의 패턴이 화학자들에 의해 발견되는데, 분자의 3차원 기하학적 구조가 원자의 종류에 따라 이루어지는 게 아니라 전자의 개수와 배치에 따라 결정된다는 사실이었습니다. 쉽게 말해서 모든 것은 전자에 달려 있다는 것이죠. 분자 모양은 전자가 몇 개 있는지, 그리고 그것이 결합체 안에서 어디에 위치하느냐에 따라 결정됩니다.

이 순간에도 우리 주위에는 수십억 개의 분자들이 떠다니고 있어요. 분자와 분자 사이에 작용하는 힘을 '분자간력 IMF'(요하네스 디데릭 판데르발스-1837~1923, 네덜란드-가 1873년 분자간력 상태 방정식 발견/1910년 노벨 물리학상 수상)이라고 하는데, 이 인력(판데르발스 힘)이 분자 사이에서 형성되면 기체가 액체 되고, 액체가 고체로 변할 수 있어요. 반대로 분자간력이 깨지면 고체가 액체로, 액체가 기체로 변할 수 있습니다(순간적인 전기의 치우침이 '판데르발스 힘'의 실체임-물방울의 형성, 탄소나노튜브, 그래핀, 단백질의 접힘 등). 예로부터 과학은 인력을 다룹니다. 인력은 사랑입니다. 만물제동(萬物齊同: 장자가 주창한 '등가원리')이 인력입니다. 그런 까닭에 과학은 사랑의 학문이 맞다마다요.

참고 문헌

참고 문헌

1. 『교양으로 읽는 원자력 상식』, 사이토 가쓰히로 지음, 이진원 옮김, 시그마북스, 2024

2. 『머릿속에 쏙쏙 방사선 노트』, 고다마 가즈야 지음, 김정환 옮김, 시그마북스, 2024

3. 『코스모스 씽킹』, BossB 지음, 이정미 옮김, 알토북스, 2024

4. 『미적분, 놀라운 일상의 공식』, 구라모토 다카후미 지음, 미디어숲, 2024

5. 『유전자 지배 사회』, 최정균 지음, 동아시아, 2024

6. 『수학이 생명의 언어라면』, 김재경 지음, 동아시아, 2024

7. 『슈뢰딩거의 자연철학 강의』, 김재경·황승미 옮김, 에디토리얼, 2024

8. 『그런데 이것은 과학책입니다』, 이과형 지음, 김우람 그림, 길벗스쿨, 2024

9. 『다시 쓰는 수학의 역사』, 케이트 기타자와·티머시 레벨 지음, 서해문집, 2024

10. 『수학자의 생각법』, 마커스 드 사토이 지음, 김종명 옮김, 북라이프, 2024

11. 『원자 스파이』, 샘 킨 지음, 이충호 옮김, 해나무, 2023

12. 『한 번 읽으면 절대 잊을 수 없는 물리 교과서』, 이케스에 쇼타 지음, 이선주 옮김, 시그마북스, 2023

13. 『한 번 읽으면 절대 잊을 수 없는 화학 교과서』, 사마키 다케오 지음, 곽범신 옮김, 시그마북스, 2023

14. 『과학에서 인문학을 만나다』, 김유항·황진명 지음, 사과나무, 2023

15. 『다윈에서 네리나까지』, 데이비드 헤이그 지음, 최가영 옮김, 브론스테인, 2023

16. 『휘어진 시대 1, 2, 3』, 남영 지음, 궁리출판, 2023

17. 『문과 남자의 과학 공부』, 유시민 지음, 돌베개, 2023

18. 『인간 등정의 발자취』, 제이콥 브루노우스키 지음, 김은국·김현숙 옮김, 바다출판사

2023

19. 『양자역학이란 무엇인가』, 마이클 워커 지음, 조진혁 옮김, 처음북스, 2023

20. 『모든 것에 화학이 있다』, 케이트 비버도프 지음, 김지원 옮김, 문학수첩, 2023

21. 『청소년을 위한 중요 과학법칙 169』, 윤실 지음, 전파과학사, 2023

22. 『과학의 반쪽사』, 제임스 포스켓 지음, 김아림 옮김, 블랙피쉬, 2023

23. 『샐러리맨 아인슈타인 되기 프로젝트』, 이종필 지음, 김영사, 2022

24. 『다정한 물리학』, 해리 클리프 지음, 박병철 옮김, 다산북스, 2022

25. 『상대성이론 아는 척하기』, 브루스 바셋 지음, 정형채·최화정 옮김, 팬덤북스, 2021

26. 『세상에서 가장 재미있는 물리학』, 래리 고닉 지음, 전영택 옮김, 궁리출판, 2021

27. 『우주를 향한 골드러시』, 페터 슈나이더 지음, 한윤진 옮김, 쌤앤파커스, 2021

28. 『탈원전의 철학』, 사또 요시유키·다구치 다쿠미 지음, 이신철 옮김, 도서출판 b, 2021

29. 『수와 기호의 신비』, 혼마루 료 지음, 김희성 옮김, 성안당, 2021

30. 『머릿속에 쏙쏙 방사선 노트』, 고다마 가즈야 지음, 김정환 옮김, 시그마북스, 2021

31. 『생명의 물리학』, 찰스 s. 코켈 지음, 노승영 옮김, 열린책들, 2021

32. 『바이러스와 인류』, 김혜권 지음, 시대인, 2021

33. 『세상의 모든 수학』, 에르베 레닝 지음, 이정은 옮김, 다산북스, 2020

34. 『곽재식의 세균 박람회』, 곽재식 지음, 김영사, 2020

35. 『세상에서 가장 재미있는 미적분』, 래리 고닉 지음, 전영택 옮김, 궁리출판, 2020

36. 『생명에 대한 인식』, 조르주 캉길렘 지음, 여인석·박찬웅 옮김, 그린비, 2020

37. 『간추린 수학사』, 더크 스트뤽 지음, 강경윤·강문봉·박경미 옮김, 신한출판 미디어, 2020

38. 『과학기술의 일상사』, 박대인·정한별 지음, 에디토리얼, 2019

39. 『심심할 때 우주 한 조각』, 콜린 스튜어트 지음, 허성심 옮김, 매경출판, 2019

40. 『과학자들 1, 2, 3』, 김재훈 지음, 휴머니스트, 2018

41. 『수학, 세계사를 만나다』, 이광연 지음, 투비북스, 2017

42. 『문과생도 이해하는 E=mc²』 고중숙 지음, 꿈꿀 자유, 2017

43. 『에너지의 과학』 사이언티픽 아메리칸 편집부 김일선 옮김, 한림출판사, 2017

44. 『뉴턴의 프린키피아』 안상현 지음, 동아시아, 2016

45. 『호킹의 블랙홀』 정창훈 지음, 백원흠 그림, 작은길 출판사, 2016

46. 『자본주의 역사 바로 알기』 리오 휴버먼 지음, 장상환 옮김, 책벌레, 2016

47. 『원소의 세계사』 휴 엘더시 윌리엄스 지음, 김정혜 옮김, 알에이치코리아, 2014

48. 『우주의 기원 빅뱅』 사이먼 싱 지음, 곽영직 옮김, 영림카디널, 2009

49. 잡지 『스켑틱 코리아』

50. 월간 『뉴턴』

51. 월간 『사이언스』

52. 잡지 『과학동아』

말랑말랑 과학 공부
: 시인의 눈으로 그려낸 100가지 과학 상식

초판 1쇄 발행일 2025년 1월 31일

지은이 이동훈

펴낸이 박영희
편 집 조은별
디자인 김수현
마케팅 김유미
인쇄·제본 AP프린팅

펴낸곳 도서출판 어문학사
주 소 서울특별시 도봉구 해등로 357 나너울카운티 1층
대표전화 02-998-0094 **편집부1** 02-998-2267 **편집부2** 02-998-2269
홈페이지 www.amhbook.com
e-mail am@amhbook.com
등 록 2004년 7월 26일 제2009-2호

X(트위터) @with_amhbook
인스타그램 amhbook
페이스북 www.facebook.com/amhbook
블로그 blog.naver.com/amhbook

ISBN 979-11-6905-038-8(03400)
정 가 18,000원